建筑工程细部节点做法与施工工艺图解丛书

砌体工程细部节点做法与施工工艺图解

（第二版）

丛书主编：毛志兵

本书主编：张太清

组织编写：中国土木工程学会总工程师工作委员会

U0366105

中国建筑工业出版社

图书在版编目（CIP）数据

砌体工程细部节点做法与施工工艺图解／张太清主编；中国土木工程学会总工程师工作委员会组织编写. 2 版. -- 北京：中国建筑工业出版社，2024. 9. （建筑工程细部节点做法与施工工艺图解丛书／毛志兵主编）. -- ISBN 978-7-112-30249-9

Ⅰ. TU754-64

中国国家版本馆 CIP 数据核字第 2024A9M234 号

本书以通俗、易懂、简单、经济、使用为出发点，从节点构造、实体照片、工艺说明三个方面解读工程节点做法与施工工艺。本书分为砖砌体工程、混凝土小型空心砌块、配筋砌体工程、填充墙砌体、石砌体工程、隔墙板安装共六章。提供了 262 个常用细部节点做法，能够对项目基层管理岗位及操作层的实体操作及质量控制有所启发和帮助。

本书是一本实用性图书，可以作为监理单位、施工企业、一线管理人员及劳务操作层的培训教材。

责任编辑：曾　威　张　磊
责任校对：赵　力

建筑工程细部节点做法与施工工艺图解丛书
砌体工程细部节点做法与
施工工艺图解
（第二版）
丛书主编：毛志兵
本书主编：张太清
组织编写：中国土木工程学会总工程师工作委员会

＊

中国建筑工业出版社出版、发行（北京海淀三里河路 9 号）
各地新华书店、建筑书店经销
北京鸿文瀚海文化传媒有限公司制版
建工社（河北）印刷有限公司印刷

＊

开本：850 毫米×1168 毫米　1/32　印张：10½　字数：282 千字
2024 年 8 月第二版　　2024 年 8 月第一次印刷
定价：**49.00** 元
ISBN 978-7-112-30249-9
（43145）

丛书编委会

本书编委会

主编单位：山西建设投资集团有限公司

参编单位：山西三建集团有限公司

山西建设投资集团有限公司总承包公司

山西二建集团有限公司

山西四建集团有限公司

山西五建集团有限公司

山西一建集团有限公司

主　　编：张太清

副 主 编：李卫俊　闫永茂

编写人员：李维清　李止芳　弓晓丽　徐　震　许园林

王舒桐　王美丽　肖云飞　申　腾　张海涛

张　志　彭　辉　秦宏磊　陈振海　王　昊

梁　霄　邢　鸽　任才旺

丛书前言

"建筑工程细部节点做法与施工工艺图解丛书"自 2018 年出版发行后，受到了业内工程施工一线技术人员的欢迎，截至 2023 年底，累计销售已近 20 万册。本丛书对建筑工程高质量发展起到了重要作用。近年来，随着建筑工程新结构、新材料、新工艺、新技术不断涌现以及工业化建造、智能化建造和绿色化建造等理念的传播，施工技术得到了跨越式的发展，新的节点形式和做法进一步提高了工程施工质量和效率。特别是 2021 年以来，住房和城乡建设部陆续发布并实施了一批有关工程施工的国家标准和政策法规，显示了对工程质量问题的高度重视。

为了促进全行业施工技术的发展及施工操作水平的整体提升，紧随新的技术潮流，中国土木工程学会总工程师工作委员会组织了第一版丛书的主要编写单位以及业界有代表性的相关专家学者，在第一版丛书的基础上编写了"建筑工程细部节点做法与施工工艺图解丛书（第二版）"（简称新版丛书）。新版丛书沿用了第一版丛书的组织形式，每册独立组成编委会，在丛书编委会的统一指导下，根据不同专业分别编写，共 11 分册。新版丛书结合国家现行标准的修订情况和施工技术的发展，进一步完善第一版丛书细部节点的相关做法。在形式上，结合第一版丛书通俗易懂、经济实用的特点，从节点构造、实体照片、工艺要点等几个方面，解读工程节点做法与施工工艺；在内容上，随着绿色建筑、智能建筑的发展，新标准的出台和修订，部分节点的做法有一定的精进，新版丛书根据新标准的要求和工艺的进步，进一步完善节点的做法，同时补充新节点的施工工艺；在行文结构中，进一步沿用第一版丛书的编写方式，采用"施工方式＋案例""示意图＋现场图"的形式，使本丛书的编写更加简明扼要、方便查找。

新版丛书作为一本实用性的工具书，按不同专业介绍了工程实践中常用的细部节点做法，可以作为设计单位、监理单位、施工企业、一线管理人员及劳务操作层的培训教材，希望对项目各参建方的实际操作和品质控制有所启发和帮助。

新版丛书虽经过长时间准备、多次研讨与审查修改，但仍难免存在疏漏与不足之处，恳请广大读者提出宝贵意见，以便进一步修改完善。

丛书主编：毛志兵

本书前言

本分册根据"建筑工程细部节点做法与施工工艺图解丛书"编委会的要求，由山西建设投资集团有限公司会同山西三建集团有限公司、山西建设投资集团有限公司总承包公司、山西二建集团有限公司、山西四建集团有限公司、山西五建集团有限公司、山西一建集团有限公司共同编制。

在编写过程中，编写组认真研究了《砌体结构工程施工规范》GB 50924—2014、《砌体结构设计规范》GB 50003—2011、《建筑地基基础工程施工规范》GB 51004—2015、《混凝土小型空心砌块建筑技术规程》JGJ/T 14—2011，并参照《蒸压粉煤灰多孔砖》GB/T 26541—2011、《建筑防火通用规范》GB 55037—2022、《玻璃纤维增强水泥（GRC）建筑应用技术标准》JGJ/T 423—2018、《轻钢骨架轻混凝土隔墙技术规程》CECS 452—2016、《配筋混凝土砌块砌体建筑结构构造》03SG615、《砌体填充墙构造详图（二）（与主体结构柔性连接）》10SG614-2、《夹心保温墙建筑与结构构造》16J107 16G617、《混凝土小型空心砌块墙体建筑与结构构造》19J102-1 19G613、《砌体填充墙结构构造》22G614-1等有关资料和图集，结合编制组在砌体工程方面的施工经验进行编制，并组织山西建设投资集团有限公司内外部专家进行审查后定稿。

本分册主要内容有：砖砌体工程、混凝土小型空心砌块、配筋砌体工程、填充墙砌体、石砌体工程、隔墙板安装六章共 262 个节点，每个节点包括实景或 BIM 图片及工艺说明两部分，力求做到图文并茂、通俗易懂。

由于时间仓促，经验不足，书中难免存在缺点和错漏，恳请广大读者指正。

目 录

第一章　砖砌体工程

第三章　配筋砌体工程

第四章　填充墙砌体

第五章 石砌体工程

第六章　隔墙板安装

第一章　砖砌体工程

第一节 ● 砌筑材料

010101 砖

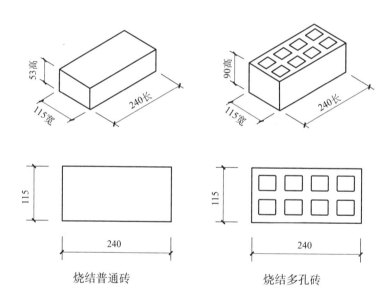

烧结普通砖

烧结多孔砖

工艺说明

　　烧结砖是以黏土、页岩、煤矸石、粉煤灰为主要原料经焙烧而成的，分烧结普通砖和烧结多孔砖。强度等级有MU30、MU25、MU20、MU15、MU10等。

010102 砂浆

砂浆

工艺说明

　　砂浆按材料分石灰砂浆、混合砂浆和水泥砂浆。强度等级分为：M15、M10、M7.5、M5、M2.5 五个等级。

第二节 ● 砌筑方法

010201 "三一" 砌砖法

"三一" 砌砖法

工艺说明

　　"三一"砌砖法即一块砖、一铲灰、一揉压（简称"三一"），并随手用大铲尖将挤出墙面的灰浆刮掉，放入墙中缝或灰桶中的砌筑方法。

　　这种砌法的优点：灰缝容易饱满，粘结性好，墙面清洁，因此，是目前应用最广的砌砖方法之一，特别是实心砖墙或抗震设防烈度8度以上地震设防区的砌砖工程，更宜采用这种方法。

010202 挤浆法

挤浆法

工艺说明

挤浆法即是指砌砖时用灰勺、大铲或小灰桶将砂浆倒在墙面上，随即用大铲或推尺铺灰器将砂浆铺平，然后用单手或双手拿砖并将砖挤入砂浆层一定深度和所要求的位置的砌筑方法。挤浆法要求把砖放平并达到上限线（所拉的通线）、下齐边，横平竖直。采用挤浆法时，也可采用加浆挤砖的方法，即左手拿砖，右手用瓦刀从灰桶中铲适量灰浆放在顶头的立缝中（这种方法称"带头灰"），随即挤砌在要求的位置上。

使用挤浆法时，每次铺设灰浆的长度不应大于750mm，当气温高于30℃时，一次铺灰长度不应大于500mm。

挤浆法的优点：一次铺灰后，可连续挤砌二到三排顺砖，减少了多次铺灰的重复动作，砌筑效率高；采用平推平挤砌砖或加浆挤砖均可使灰缝饱满，有利于保证砌筑质量；所以挤浆法也是应用最广的砌筑方法之一。

010203 刮浆法

刮浆法

工艺说明

　　刮浆法主要用于多孔砖和空心砖。对于多孔砖和空心砖来说，由于砖的规格或厚度较大，竖缝较高，用"三一"法或挤浆法砌筑时，竖缝砂浆很难挤满，因此先在竖缝的墙面上刮一层砂浆后再砌筑，这种方法就称作刮浆法。

010204 满口灰法

满口灰法

工艺说明

    满口灰法主要用于砌筑空斗墙。砌筑空斗墙时，不能采用"三一"法或挤浆法，而应使用瓦刀铲适量的稠度和粘结力较大的砂浆，并将其抹在左手拿着的普通砖需要粘结的位置上，随后将砖粘结在墙顶上，这种方法就称为满口灰法。

第三节 ● 砌筑形式

用普通黏土砖砌筑的砖墙，按其墙面组砌形式、砖墙的厚度不同，可采用一顺一丁、三顺一丁、梅花丁、二平一侧、全顺、全丁的砌筑形式。

010301 一顺一丁式

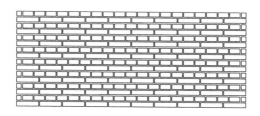

十字缝砌法

骑马缝砌法

工艺说明

　　一顺一丁砌法是一皮中全部顺砖与一皮中全部丁砖相互间隔砌筑而成，上下皮间的竖缝都相互错开1/4砖长。

010302 三顺一丁式

三顺一丁式

工艺说明

　　三顺一丁砌法是三皮中全部顺砖与一皮中全部丁砖间隔组砌而成，上下皮顺砖与丁砖间竖缝错开1/4砖长，上下皮顺砖间竖缝错开1/2砖长。

010303 梅花丁式

梅花丁式

工艺说明

　　梅花丁砌法是每皮中顺砖与丁砖间隔相砌，上皮丁砖坐中于下皮顺砖，上下皮砖的竖缝相互错开1/4砖长。

010304 二平一侧式

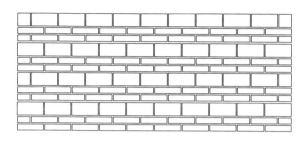

二平一侧式

工艺说明

二平一侧是两皮砖平砌与一皮砖侧砌的顺砖相隔砌成，当墙厚为180mm时，平砌层均为顺砖，上下皮竖缝相互错开1/2砖长，平砌层与侧砌层之间的竖缝也错开1/2砖长；当墙厚为300mm时，平砌层为一顺一丁砌法，上下皮竖缝错开1/4砖长，顺砌层与侧砌层之间竖缝错开1/2砖长，丁砖层与侧砌层之间竖缝错开1/4砖长。

010305 全顺法

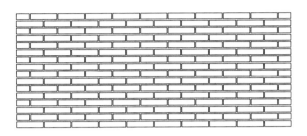

全顺法

工艺说明

　　全顺砌法是各皮砖均顺砌，上下皮垂直灰缝相互错开1/2砖长，这种砌法仅用于砌半砖（原115mm）墙。

010306　全丁法

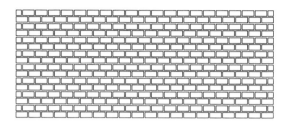

全丁法

工艺说明

　　全丁砌法是各皮砖均丁砌，上下皮垂直灰缝相互错开1/4砖长，适合砌一砖厚（240mm）墙。

第四节 ● 砌筑构造节点

010401 砖基础构造节点

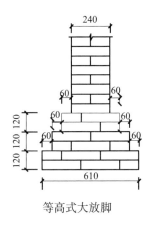

等高式大放脚

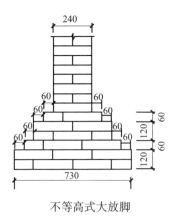

不等高式大放脚

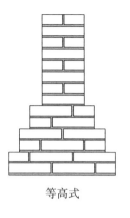

等高式

不等高式

工艺说明

　　砖基础下部扩大部分面积为大放脚，上部为基础墙。基础大放脚形式应符合设计要求，当设计无规定时，可采用等高式和不等高式两种。等高式大放脚是两皮一收，两边各收进1/4砖长；不等高式大放脚是两皮一收和一皮一收相间隔，两边各收进1/4砖长。砖基础的转角与交接部位，为错缝需要加砌配砖（3/4砖、半砖、1/4砖）。在这些交接处，纵横墙要隔皮砌通；大放脚的最下一皮及每层的最上一皮应以丁砌为主。

010402 砖墙砌筑构造节点

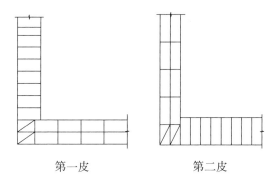

第一皮   第二皮

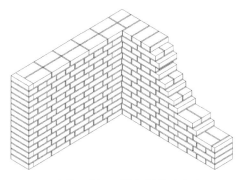

一砖墙一顺一丁转角处分皮砌法

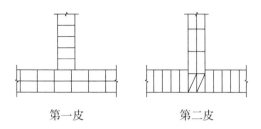

第一皮　　　　　　　　第二皮

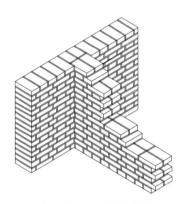

一砖墙一顺一丁交接处分皮砌法

工艺说明

　　砌砖宜采用"三一"砌砖法满铺满挤，并做到"上跟线，下对棱，左右相邻要对齐"。砖砌体组砌方法应保证上下错缝、横平竖直、内外搭接、砂浆饱满，保证砌体的整体性，同时组砌要有规律，少砍砖，以提高砌筑效率，节约材料。当采用一顺一丁组砌时，七分头的顺面方向依次砌顺砖，丁面方向依次砌丁砖；砖墙的丁字接头处应分皮相互砌通，内角相交处的竖缝应错开1/4砖长，并在横墙端头处加砌七分头砖。

010403 砖柱砌筑构造节点

砖柱尺寸及做法

砖柱尺寸 （mm）	240×365	365×365	365×490	490×490	
做法 示意	第一皮	第一皮	第一皮	第一皮	第二皮
	第二皮	第二皮	第二皮	第三皮	第四皮

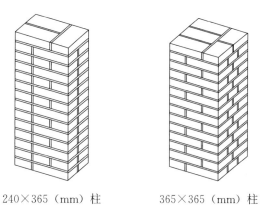
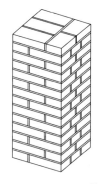

240×365（mm）柱　　　　365×365（mm）柱

365×490（mm）柱

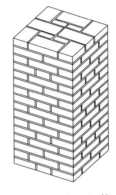

490×490（mm）柱

工艺说明

　　砖柱砌筑应保证砖柱外表面上下皮垂直灰缝相互错开1/4砖长，砖柱内部少通缝，为错缝需要应加砌配砖，不得采用包心砌法。砖柱中不得留脚手眼。砖柱每日砌筑高度不得超过1.8m。

010404 构造柱砌筑构造节点

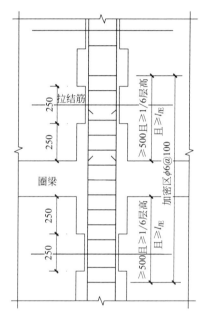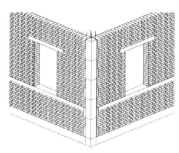

构造柱砌筑构造节点

工艺说明

与构造柱连接处砖墙应砌成先退后进马牙槎，马牙槎高度多孔砖不大于300mm，普通砖不大于250mm。当设计无要求时，沿墙高每500mm设2φ6水平钢筋和φ4分布短筋平面内点焊组成的拉结网片或φ4点焊网片，每边伸入墙内不应小于700mm（非抗震区）和1000mm（抗震区）。

010405 砖平拱砌筑构造节点

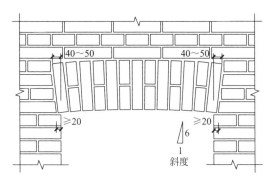

砖平拱

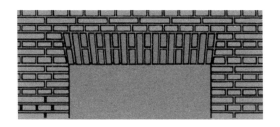

工艺说明

　　砖平拱应用整砖侧砌，净跨度 $l_n \leqslant 1200$mm，平拱高度不小于砖长（240mm），拱脚下面应伸入墙内不小于20mm，砖平拱砌筑时应在其底部支设模板，模板中央应有1‰的起拱。砖平拱的砖数应为单数。砌筑时应从平拱两端同时向中间进行。砖平拱的灰缝应砌成楔形。灰缝宽度在平拱的底面不应小于5mm，顶面不应大于15mm。

010406 钢筋砖过梁砌筑构造节点

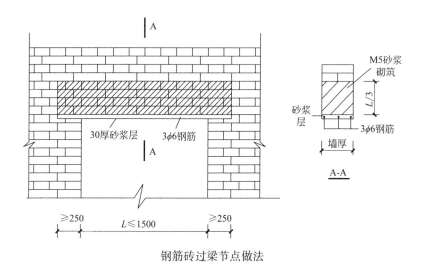

钢筋砖过梁节点做法

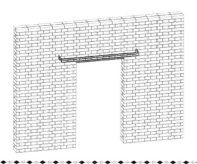

工艺说明

钢筋砖过梁的底面为砂浆层，砂浆层厚度不宜小于30mm。砂浆层中配置钢筋，钢筋直径不应小于6mm，间距不宜大于120mm，钢筋两端伸入墙体内的长度不宜小于250mm，并有向上的直角弯钩。钢筋砖过梁砌筑前先支设模板，模板中央应略有起拱。砌筑时先铺设砂浆层，然后摆放钢筋，使钢筋位于砂浆层中间。

010407 砖墙端头（门窗侧壁）砌筑构造节点

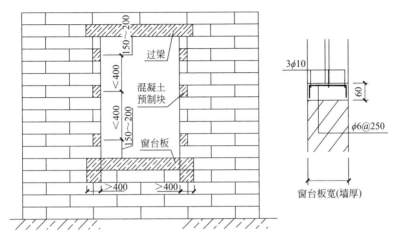

过梁

混凝土
预制块

窗台板

3φ10

60

φ6@250

窗台板宽(墙厚)

外墙门窗洞口构造图

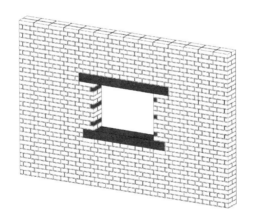

窗洞侧壁砌筑构造节点

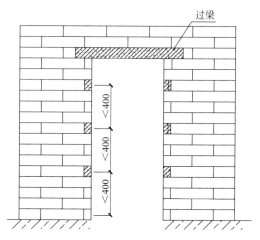

过梁

<400

<400

<400

内墙门窗洞口构造图

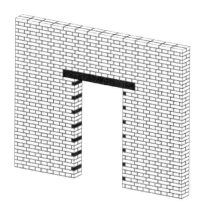

门洞侧壁砌筑构造节点

◆ 工艺说明

砖墙端头（门窗侧壁）砌筑时，先按照事先所弹的控制线砌砖，砌到标高处安置过梁、木砖等，并严格控制洞口处的洞口尺寸、垂直度。

010408 砖砌体转角、交接处砌筑构造节点

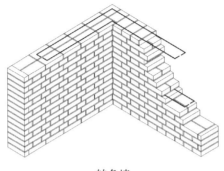

转角墙

丁字墙

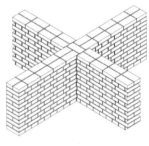

十字墙

工艺说明

　　砖墙转角处和交接处应同时砌筑，严禁无可靠措施的内外墙分砌施工，若不能同时砌筑又必须留置的临时间断处应砌成斜槎，斜槎水平投影长度不应小于高度的2/3。隔墙与承重墙或柱不能同时砌筑，留置凸槎。

010409 砖砌体墙上留置临时洞口构造节点

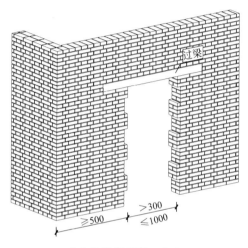

过梁

≥500   >300
       ≤1000

砖砌体墙预留洞口节点

工艺说明

砖砌墙体留置临时洞口时，应按拉结筋留置要求预埋拉结筋，预留洞口宽度超过300mm的洞口，上部应加设预制钢筋混凝土过梁。洞口净宽不应大于1000mm，其侧边离交接处墙面不应小于500mm。

010410 砖砌体墙上不得留置施工脚手架眼构造节点

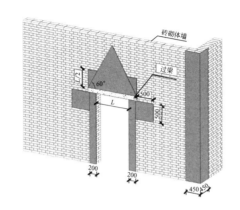

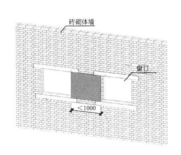

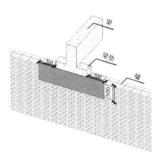

阴影区域不得留设脚手眼

工艺说明

　　施工脚手架眼不得设置在下列墙体或部位：①120mm厚墙、清水墙、独立柱和附墙柱；②过梁上部与过梁成60°的三角形范围及过梁净跨度1/2的高度范围内；③宽度小于1m的窗间墙；④门窗洞口两侧200mm范围内；转角处450mm范围内；⑤梁或梁垫下及其左右500mm范围内。

010411 砖砌体墙体防裂构造节点

（1）山墙抗裂措施示例图

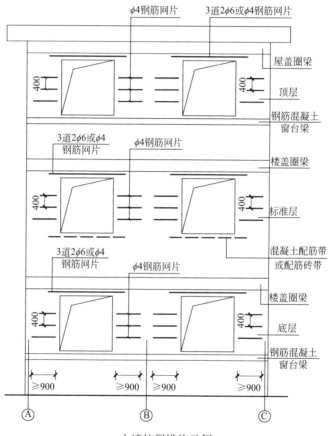

山墙抗裂措施示例

工艺说明

　　房屋顶层、底层的端部第一、第二开间的外纵墙和房屋山墙的门窗洞口两边墙体的水平灰缝中，设置长度不小于900mm、竖向间距为400mm的 φ4 焊接钢筋网片。

（2）外纵墙抗裂措施示例图

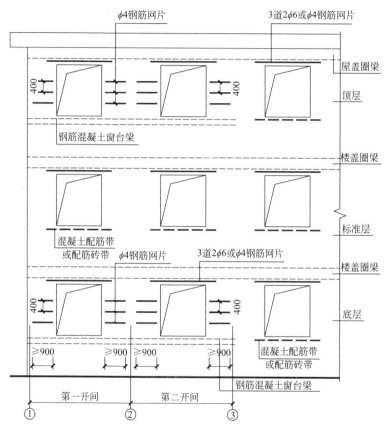

外纵墙抗裂措施示例

工艺说明

　　房屋每层窗过梁上的灰缝中设3道2ϕ6或ϕ4钢筋网片，窗台下的灰缝中设2～3道2ϕ6或ϕ4钢筋网片或设混凝土配筋带。

010412 砖砌体墙体拉结节点

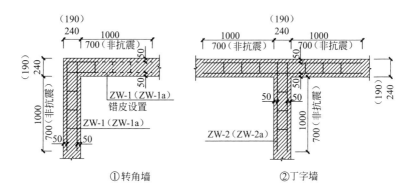

①转角墙　　　　　②丁字墙

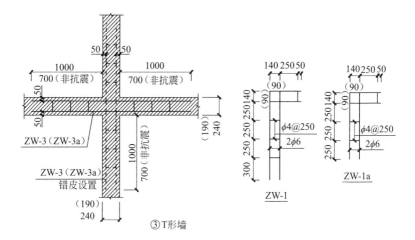

③T形墙

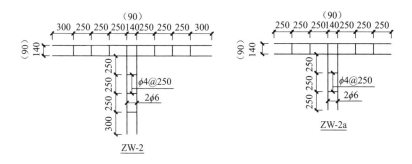

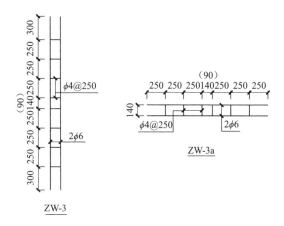

砖砌体墙体拉结节点

工艺说明

　　墙体留槎、转角、交接部位加设拉结筋，每120mm墙厚设置1φ6拉结筋，120mm厚墙应放置2φ6拉钢筋。埋入长度从留槎处算起每边均不应小于700mm，对抗震设防烈度6度、7度的地区，不应小于1000mm。钢筋末端有90°弯钩。

010413 砖砌体女儿墙构造节点

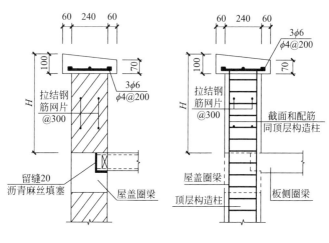

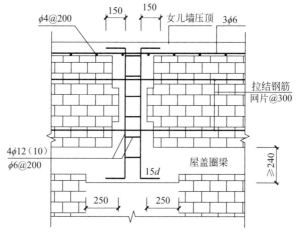

砖砌体女儿墙构造节点

女儿墙构造柱最大间距 *S*（m）

高度 *H*（mm）	非抗震	6 度	7 度	8 度	8 度乙类
H≤500	4	4	4	4	3
H>500	2	2	2	2	2

注：女儿墙在人流入口和通道处的构造柱间距不大于半开间，且不大于 1.5m。

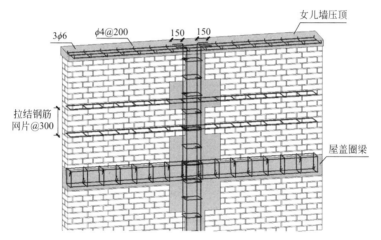

砖砌体女儿墙构造节点实例图

◆ 工艺说明

　　女儿墙与构造柱连接处应砌成马牙槎，设 2φ6 通长筋和 φ4 分布短筋平面内点焊组成的拉结钢筋网片或 φ4 点焊网片，间距 300mm；女儿墙应先砌墙后浇柱和压顶，混凝土不小于 C20。

010414 夹心墙构造节点

（1）阳角排块

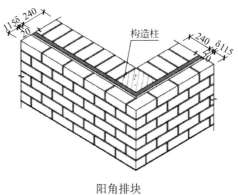

阳角排块

（2）阴角排块

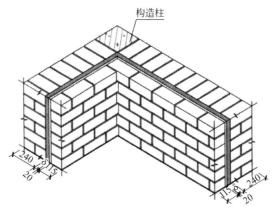

阴角排块

（3）丁字排块

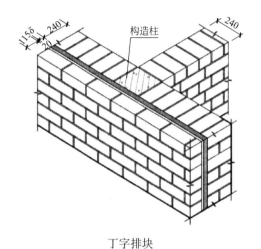

丁字排块

工艺说明

　　内、外叶墙采用多孔砖，拉结件采用环形、Z 形拉结件或钢筋网片。拉结件应沿竖向梅花形布置，拉结件在叶墙上的搁置长度，不应小于墙厚的 2/3，并不小于 60mm。

010415 楼梯间墙体配筋构造节点

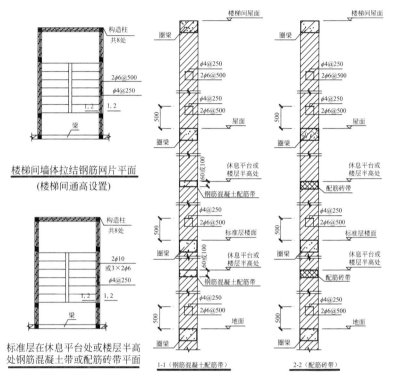

楼梯间墙体配筋构造节点

010416 砌体留槎（一）斜槎留置构造节点

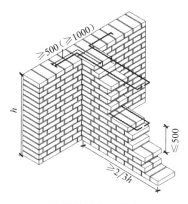

斜槎留置构造节点

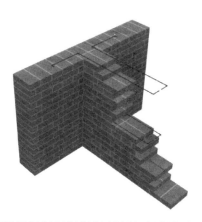

工艺说明

砖砌体的转角处和交接处应同时砌筑。在抗震设防烈度8度及以上地区，对不能同时砌筑的临时间断处应砌成斜槎，其中普通砖砌体的斜槎水平投影长度不应小于高度的2/3，多孔砖砌体的斜槎长高比不应小于1/2。斜槎高度不得超过一步脚手架高度。

010417 砌体留槎（二）直槎留置构造节点

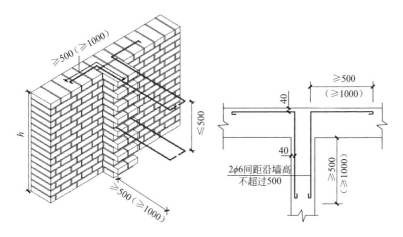

直槎留置构造节点

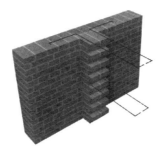

工艺说明

　　非抗震设防及抗震设防烈度为6度、7度地区的临时间断处，当不能留斜槎时，除转角处外，可留直槎，但直槎必须做成凸槎。留直槎处应加设拉结筋，拉结筋的数量为每120mm墙厚放置1φ6拉结筋（但120mm厚墙放置2φ6拉结筋），间距沿墙高不应超过500mm；埋入长度从留槎处算起每边均不应小于500mm。对抗震设防烈度为6度、7度的地区，不应小于1000mm，末端应有90°弯钩。

第五节 • 构造柱与圈梁构造节点

010501 构造柱与基础连接节点

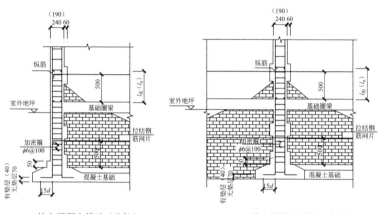

伸入混凝土基础（边柱）　　　　　伸入混凝土基础（中柱）

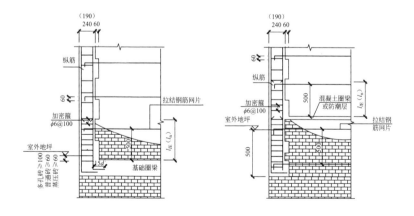

伸入基础圈梁　　　　　　　　伸入室外地面下

构造柱与基础连接节点

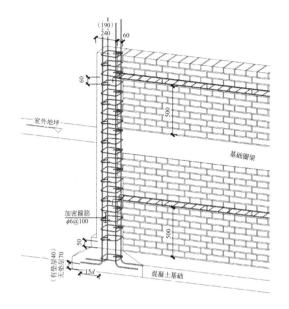

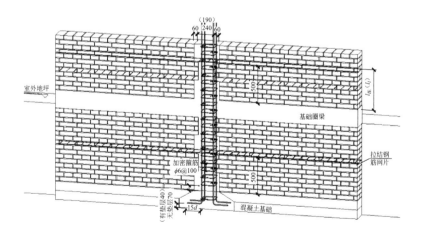

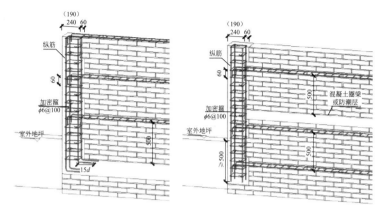

构造柱与基础连接节点实例

工艺说明

（1）构造柱与基础连接时，构造柱可不单独设置基础，应伸入混凝土基础中，无混凝土基础伸入室外地面下≥500mm，或锚入浅于500mm的基础圈梁内。构造柱的竖向受力钢筋伸入混凝土基础时应根据设计及规范要求，并应符合受拉钢筋锚固长度 l_{aE}（l_a）要求，且末端应弯折90°，平段长15d，弯钩向外侧拐向。

（2）对于构造柱纵向钢筋的搭接长度和箍筋加密要求如立面示意图。在柱头、柱脚钢筋搭接区≥500mm且≥1/6层高，≥l_{lE}（l_l）。搭接区段为相应的箍筋加密区，伸入基础的箍筋间距≤500mm且不少于两道定位箍筋，当设计有明确要求的应按设计要求执行。

（3）无地圈梁的，构造柱应伸入室外地面下500mm。构造柱箍筋在砖基础至搭接区范围内做加密处理。砌砖基础先退后进。

（4）在砌砖墙大马牙槎时，沿墙高每隔500mm通长埋设水平拉结钢筋网片，钢筋网片采用2ϕ6水平筋与ϕ4@250的分布短钢筋平面内点焊而成的钢筋网片，或ϕ4点焊钢筋网片与构造柱钢筋绑扎连接。

010502 构造柱与现浇梁连接节点

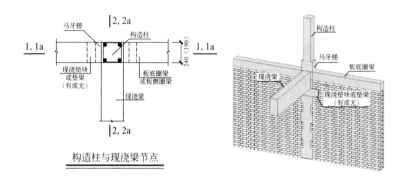

构造柱与现浇梁节点

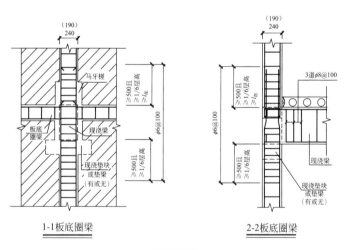

1-1板底圈梁   2-2板底圈梁

板底圈梁

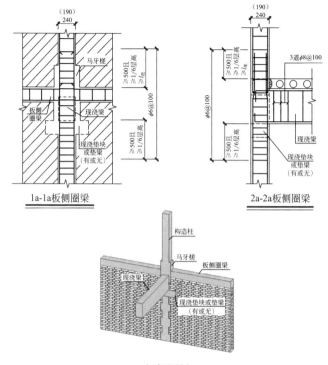

1a-1a板侧圈梁　　2a-2a板侧圈梁

板侧圈梁

工艺说明

（1）现浇梁纵筋伸入构造柱应符合设计及施工规范中锚固长度 l_{aE}（l_a）的要求，现浇梁上部纵筋遇板底圈梁时应从圈梁纵筋外侧插入。现浇梁上部纵筋遇板侧圈梁时应从圈梁纵筋内侧插入，并且在纵向受力钢筋锚固长度范围内应配置不少于两道箍筋，其直径不小于 $d/4$。梁端也必须设置3道 $\phi 8@100$ 的加密箍筋。

（2）对于构造柱纵向钢筋的搭接长度和箍筋加密要求如图所示，在柱顶、柱脚钢筋搭接区≥500mm及1/6层高，≥l_{lE}（l_l）。搭接区段、构件连接区段以及柱顶1/6层高范围内，相应的箍筋 $\phi 6@100$ 进行加密。

010503 构造柱与预制梁连接节点

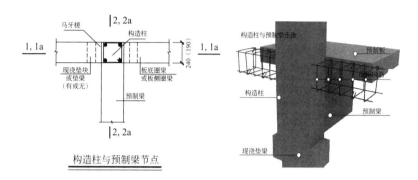

构造柱与预制梁节点

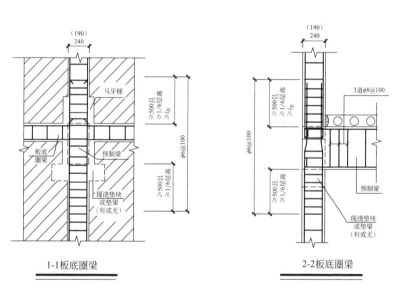

1-1板底圈梁   2-2板底圈梁

板底圈梁

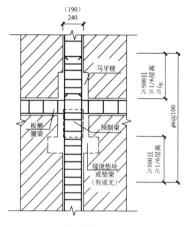

1a-1a板侧圈梁

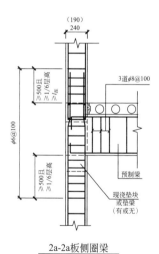

2a-2a板侧圈梁

板侧圈梁

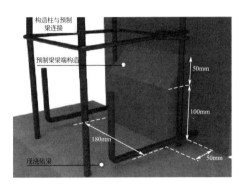

预制梁梁端构造

工艺说明

（1）在预制梁制作前应使预制梁预留纵筋长度符合设计及施工规范中锚固长度 l_{aE}（l_a）的要求，预制梁上部纵筋遇板底圈梁时应从圈梁纵筋外侧插入。预制梁上部纵筋遇板侧圈梁时应从圈梁纵筋内侧插入，并且在纵向受力钢筋锚固长度范围内应配置不少于两道箍筋，其直径不小于 $d/4$。预制梁端制作前也必须在端部设置 3 道 $\phi8@100$ 的加密箍筋。

（2）对于构造柱纵向钢筋的搭接长度和箍筋加密要求如剖面图所示。在柱顶、柱脚钢筋搭接区 $\geqslant500mm$ 且 $\geqslant1/6$ 层高，$\geqslant l_{lE}$（L_l）。构造柱的箍筋在搭接区段、构件连接区段以及柱顶 1/6 层高范围内，相应的箍筋 $\phi6@100$ 进行加密。

（3）构造柱纵向受力钢筋应伸入圈梁受力筋内侧进行绑扎。

010504 构造柱与墙体拉结节点

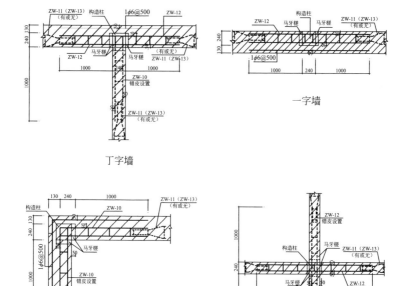

丁字墙

一字墙

转角墙(370墙)

十字墙(240墙)

构造柱与墙体拉结节点

砖砌体墙水平拉结钢筋网片设置要求：

类别	非抗震 全部楼层	6度、7度 底部1/3楼层	8度底部 1/2楼层	8度乙类 全部楼层	除上述以外 楼层
竖向间距	500mm				
水平长度	700mm	通长			1000mm

注：顶层和突出屋顶的楼、电梯间，长度大于7.2m的大房间以及8度时外墙转角和内外墙交接处应沿墙体通长设置，水平拉结筋距墙面边距离为30mm。

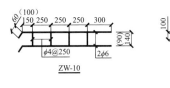

ZW-10

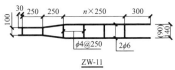

ZW-11

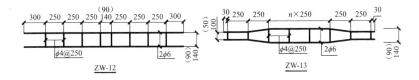

ZW-12　　　　　　　　　　ZW-13

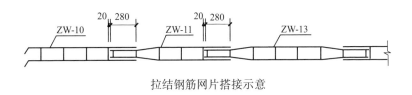

拉结钢筋网片搭接示意

工艺说明

　　构造柱与墙体连接处应砌成马牙槎，马牙槎高度：多孔砖不大于300mm，普通砖不大于250mm。构造柱与墙体连接可采用2φ6水平筋和φ4分布短筋点焊组成钢筋网片或φ4点焊钢筋网片，每边伸入墙内不小于1m（多孔砖水平拉结筋伸入墙体内长度应乘以1.4倍）。构造柱与圈梁连接处，构造柱的纵筋应在圈梁纵筋内侧穿过，保证构造柱纵筋上下贯通。

010505 圈梁构造节点

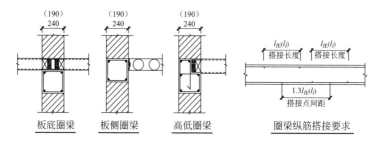

| 板底圈梁 | 板侧圈梁 | 高低圈梁 | 圈梁纵筋搭接要求 |

砖砌体房屋圈梁截面和配筋要求

类别	抗震设防烈度			
	非抗震	6度、7度	8度	8度乙类
圈梁高度(mm)	≥120	≥120	≥120	≥120
圈梁纵筋	≥4ϕ10	≥4ϕ10	≥4ϕ12	≥4ϕ14
加强圈梁高度(mm)	≥150	≥150	≥150	≥150
加强圈梁纵筋	≥6ϕ10	≥6ϕ10	≥6ϕ12	≥6ϕ14
箍筋间距(mm)	≤300	≤250	≤200	≤150

注：1. 丙类的砖砌体房屋，当横墙较少且总高度和层数接近或达到图集12SG620
　　　总说明表1规定的限值时，所有纵横墙应在楼、屋盖标高处设置加强圈梁；
　　2. 圈梁宽度同墙厚，圈梁箍筋的最小直径为6mm。

工艺说明

　　多层砌体结构民用房屋，当层数为3～4层时，应在底层和檐口标高处各设置一道圈梁，当层数超过4层时，除应在底层和檐口标高处各设置一道圈梁外，至少应在所有纵、横墙上隔层设置；设置墙梁的多层砌体结构房屋，应在托梁、墙梁顶面和檐口标高处设置现浇钢筋混凝土圈梁；圈梁宜连续地设在同一水平面上，并形成封闭状；当圈梁被门窗洞口截断时，应在洞口上部增设相同截面的附加圈梁，附加圈梁与圈梁的搭接长度不应小于其中到中垂直间距的2倍，且不得小于1m。

010506 无构造柱圈梁构造节点

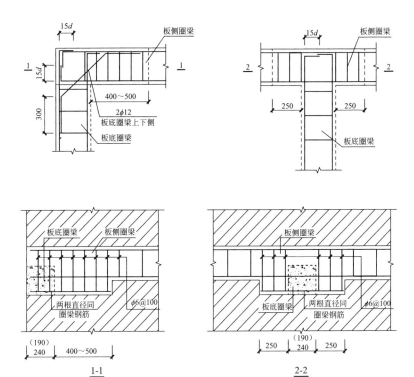

无构造柱圈梁构造节点

工艺说明

　　圈梁分板底圈梁和板侧圈梁，一般内墙均为板底圈梁，外墙为板底圈梁或板侧圈梁。圈梁宜连续设在同一水平面上，并形成封闭状；当圈梁被门窗洞口截断时，应在洞口上部增设相同截面的附加圈梁。附加圈梁与圈梁的搭接长度不应小于其中到中垂直间距的2倍，且不得小于1m。圈梁兼作过梁时，过梁部分的钢筋应按计算面积另行增配。

010507 有构造柱圈梁构造节点

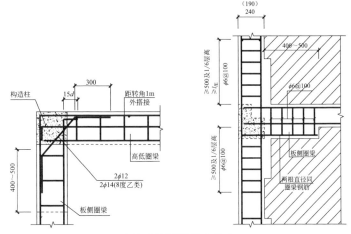

有构造柱圈梁构造节点

工艺说明

（1）构造柱与圈梁连接处，构造柱的纵筋应在圈梁纵筋内侧穿过，保证构造柱纵筋上下贯通。构造柱纵筋可在同一截面搭接，搭接长度 l_{lE} 可取 $1.2l_a$，隔层设置圈梁的房屋，应在无圈梁的楼层设置配筋砖带。

（2）构造柱钢筋必须与各层纵横墙的圈梁钢筋绑扎连接，形成封闭框架。

（3）圈梁与构造柱连接处，应对构造柱上下 1/6 层高且 $\geqslant 500$mm 处及板侧圈梁进行箍筋加密。转角墙与丁字墙圈梁纵向钢筋应做成不小于 $15d$ 弯钩收头，并锚入构造柱内，保证锚固长度 l_{aE}（l_a）且不小于 200mm。除细部节点特殊标明的，构造柱、圈梁内纵筋及墙体水平配筋带钢筋锚固长度 $l_{aE} = l_a$。转角墙圈梁纵横向交叉处，应在转角处加设 $2\phi12$ 或 $2\phi14$（8度乙类）转角钢筋，以保证构件整体性，分散转移荷载，防止墙体开裂。

010508 无构造柱圈梁与梁连接节点

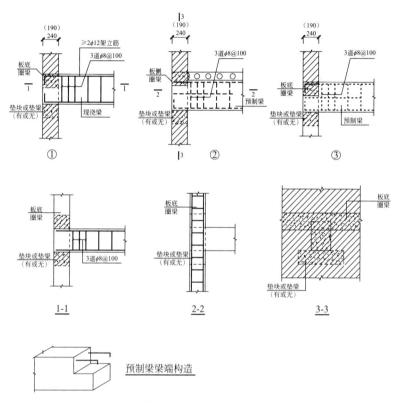

预制梁梁端构造

无构造柱圈梁与梁连接节点

工艺说明

    砖砌体结构设置钢筋混凝土圈梁，可加强房屋的整体性、提高房屋抵抗不均匀变形的能力。圈梁宜连续设在同一水平面上，并形成封闭状。梁与圈梁若有重叠，重叠部位宜整浇在一起。

010509 挑梁构造节点

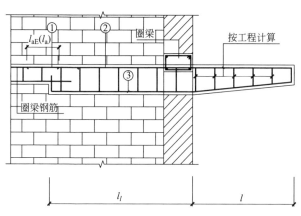

挑梁构造节点

◆ **工艺说明**

　　现浇挑梁受力钢筋（含箍筋）按具体工程设计。上图中钢筋①不少于$2\phi14$；钢筋②伸入支座的长度不应小于$2/3l_l$，且不少于$1\phi12$，箍筋不小于$\phi6@200$；挑梁构造筋③不少于$2\phi12$，预制挑梁纵向钢筋至少应有$1/2$的钢筋面积且不少于$2\phi12$伸入支座，其余钢筋伸入支座的长度不应小于$2/3l_l$，且在图示圈梁位置处预留缺口（钢筋连通），浇灌圈梁时一并灌实。设防烈度为6～8度时，挑梁纵向钢筋应沿梁长通长设置。

　　挑梁埋入砌体长度l_l与挑出长度l之比应经计算确定。非抗震设计时，l_l/l宜大于1.2；当l_l上无砌体时，l_l/l宜大于2；抗震设防烈度为6～8度时，l_l/l宜大于1.5；当l_l上无砌体时，l_l/l宜大于2.5。

　　挑梁支座处应设构造柱，抗震设防烈度为6～8度时，与挑梁连接的圈梁截面高度不应小于挑梁截面高度的$1/2$。

010510 组合砖柱与现浇梁连接节点

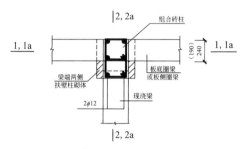

组合砖柱与现浇梁节点

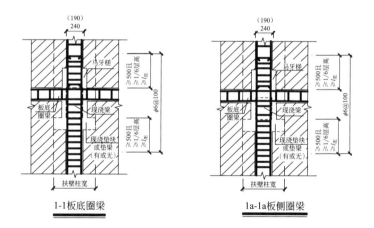

1-1板底圈梁   1a-1a板侧圈梁

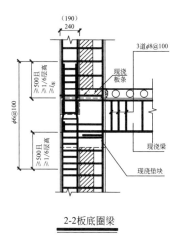

2-2板底圈梁

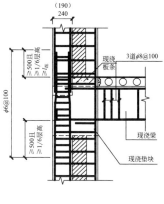

2a-2a板侧圈梁

工艺说明

（1）现浇梁纵筋伸入组合砖柱应符合设计及施工规范中锚固长度 l_{aE}（l_a）的要求，现浇梁上部纵筋遇板底圈梁时，应从圈梁纵筋外侧插入。现浇梁上部纵筋遇板侧圈梁时应从圈梁纵筋内侧插入，并且在纵向受力钢筋锚固长度范围内应配置不少于两道箍筋，其直径不小于 $d/4$。梁端也必须设置3道 $\phi 8@100$ 的加密箍筋。

（2）对于组合砖柱纵向钢筋的搭接长度和箍筋加密要求如立面示意图在柱顶、柱脚钢筋搭接区≥500mm且≥1/6层高，≥l_{lE}（l_l）。对于组合砖柱的箍筋应按正常设计 $\phi 6@200$ 设置。组合砖柱中构造柱的箍筋在搭接区段、构件连接区段以及柱顶1/6层高范围内，相应的箍筋 $\phi 6@100$ 进行加密。

（3）组合砖柱中构造柱纵向受力钢筋应伸入圈梁受力筋内侧进行绑扎。梁端两侧扶壁柱砌体中设置墙拉结筋，与构造柱、圈梁连接。

010511 组合砖柱与预制梁连接节点

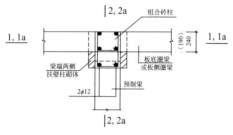

组合砖柱与预制梁连接节点

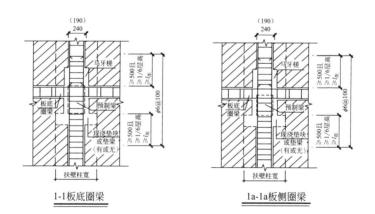

1-1板底圈梁　　　　　　　　　　　1a-1a板侧圈梁

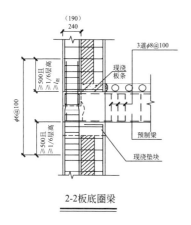

2-2板底圈梁

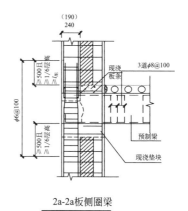

2a-2a板侧圈梁

工艺说明

　　组合砖柱纵向钢筋上端应锚固于混凝土圈梁内，锚固区域应加设≥500mm或1/6层高的加密区，组合砖柱与预制梁连接时预制梁梁端部应插入组合砖柱及圈梁；连接牢固后浇筑混凝土。构件位移偏差：安装前构件应标明型号和使用部位；复核放线尺寸后进行安装，防止放线误差造成构件偏移；根据气候变化调整量具误差；操作时认真负责，细心校正，使构件位置、标高、垂直度符合要求。

010512 预制空心板支承构造节点

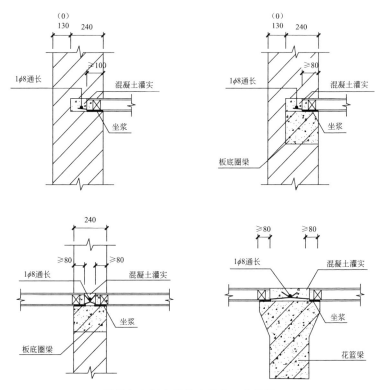

预制空心板支承构造节点（非抗震）

抗震设防烈度	板支承于内墙时	板支承于外墙时	备注
小于 6 度	板端胡子筋伸出长度不小于 70mm	板支承于外墙时不小于 100mm	预制空心板板端用 C25 细石混凝土灌实
大于等于 6 度	板端胡子筋伸出长度不小于 120mm	板支承于外墙时不小于 150mm	预制板板面设置厚度不小于 50mm 的 C25 细石混凝土现浇面层，配 $\phi6@250$ 双向钢筋网片

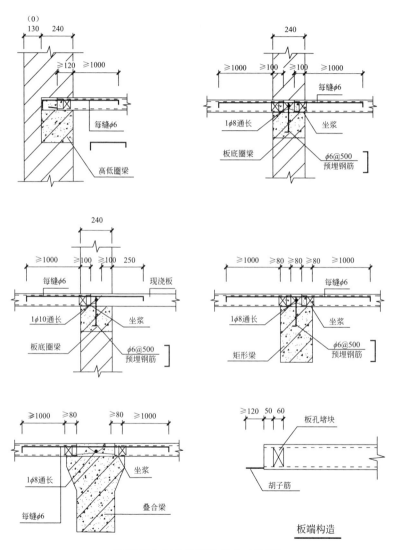

板端构造

预制空心板支承构造节点（抗震）

010513 现浇板与墙连接节点

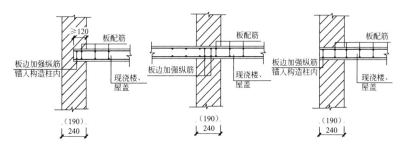

现浇板与墙连接节点

抗震设防烈度	外墙纵筋	每边内墙纵筋	备注
非抗震	2ϕ10	4ϕ10	遇端部构造柱时,板边加强筋锚入构造柱内 $l_{aE}(l_a)$
6～8 度	2ϕ12	4ϕ12	
8 度乙类	2ϕ14	4ϕ14	

工艺说明

当现浇板与墙连接时,板边加强纵筋锚入构造柱内应大于等于120mm,与构造柱钢筋连接牢固。板下不设圈梁时,现浇楼板沿墙体周边均应加强配筋,并应与相应构造柱可靠连接。现浇板的下部钢筋短跨在下、长跨在上。上部钢筋短跨在上、长跨在下。上部钢筋接头位置宜设在跨中 1/3 跨度范围内,下部钢筋接头位置宜设在支座处 1/3 跨度范围内。板筋的起步筋位置取板受力钢筋间距的一半,从墙外侧筋外侧开始算起,一般取墙侧模外 50mm。现浇板短跨大于等于 3600mm 时,上表面素混凝土配置 ϕ6@200 钢筋网片。钢筋网片与板上部钢筋搭接长度为 300mm,钢筋网布置在板上皮钢筋内侧。

010514 现浇板与圈梁连接节点

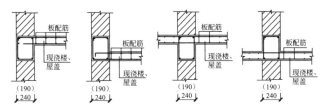

现浇板与圈梁连接节点

钢筋种类	混凝土强度等级			
	C20	C25	C30	C35
	$d \leqslant 25$	$d \leqslant 25$	$d \leqslant 25$	$d \leqslant 25$
HPB300 热轧光圆钢筋	$39d$	$34d$	$30d$	$28d$
HRB335 热轧带肋钢筋	$38d$	$33d$	$29d$	$27d$
HRB400 热轧带肋钢筋	—	$40d$	$35d$	$32d$

圈梁、构造柱及砌体水平配筋带钢筋锚固长度

工艺说明

（1）先绑圈梁钢筋，后绑板筋。圈梁截面高度不应小于 120mm，圈梁纵向钢筋采用绑扎接头时，纵筋可在同一截面搭接，搭接长度 l_{lE} 可取 $1.2l_a$，且不应小于 300mm。圈梁（过梁）、板应同时浇筑。

（2）板下不设圈梁时，现浇楼板沿墙体周边均应加强配筋，并应与相应构造柱可靠连接。现浇板纵向受力钢筋在中间支座圈梁处可通长布置，锚入端部圈梁时，其锚固长度 l_{aE}（l_a）不小于 200mm。除细部节点特殊标明的，构造柱、圈梁内纵筋及墙体水平配筋带钢筋锚固长度 $l_{aE} = l_a$。

（3）采用现浇混凝土楼（屋）盖的多层砌体结构房屋，当层数超过 5 层时，除应在檐口标高处设置一道圈梁外，可隔层设置圈梁，并应与楼（屋）面板一起浇筑。板下不设圈梁时，现浇楼板沿墙体周边均应加强配筋，并应与相应的构造柱可靠连接。

第二章　混凝土小型空心砌块

第一节 ● 砌筑材料

020101 砂浆

砂浆

工艺说明

　　小砌块砌体应采用专用砂浆砌筑,砂浆强度等级可分为Mb20、Mb15、Mb10、Mb7.5、Mb5;砌筑砂浆应具有良好的保水性,其保水率不得小于88%,砌筑普通小砌块砌体的砂浆稠度宜为50~70mm,轻集料小砌块的砌筑砂浆稠度宜为60~90mm;砌筑砂浆应随拌随用,并应在3h内使用完毕;当施工期间温度超过30℃时,应在2h内使用完毕。砂浆出现泌水现象时,应在砌筑前再次拌和。

020102 砌块

砌块

工艺说明

　　砌块可分为普通混凝土砌块和轻集料混凝土砌块，其强度等级可分为 MU20、MU15、MU10、MU7.5、MU5 五个等级；普通混凝土小型空心砌块有多种规格，其规格系列主要考虑块型系列相互配合使用的要求，确定砌块的外形尺寸。砌块高度的主规格尺寸为 190mm，辅助尺寸为 90mm，其公称尺寸为 200mm 和 100mm，砌块的高度应满足建筑房屋竖向模数的要求；长度的主规格为 390mm，辅助规格为 290mm 和 190mm，极少数辅助规格有 90mm，其公称尺寸为 400mm、300mm、200mm 和 100mm，砌块的长度主要依据砌块的组砌要求和建筑平面模数网格确定；厚度的规格尺寸因材料、功能要求不同，有 90mm、190mm、240mm、290mm 等，通用的为 90mm 和 190mm，二者配合使用能同时满足砌体搭砌、咬砌要求。

第二节 • 墙体排布

020201 转角墙设芯柱排块

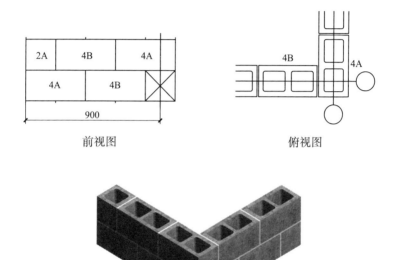

前视图   俯视图

转角墙设芯柱排块效果图

工艺说明

　　本图为190mm厚转角墙设芯柱排块图，该排块图可用于混水或清水转角墙；当用于砌筑清水外墙时，转角处纵横两个端面的主砌块可以选用其他表面形式，如大面上用劈离块，则此处用光面砌块，大面上用光面砌块则此处用劈离块等方式展示砌块建筑艺术效果。

020202 丁字墙设芯柱排块

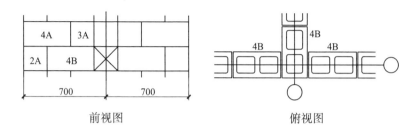

前视图   俯视图

丁字墙设芯柱排块效果图

工艺说明

　　本图为190mm厚丁字墙设芯柱排块图，丁字墙长度以两边等长（700mm）示例；奇数层用4B、2A块型，按照上图排块，偶数层用3A和4A块型进行排块。除每楼层第一皮按结构设计要求设芯柱清扫口块外，其余的均按二皮循环一次排块。

020203 十字墙设芯柱排块

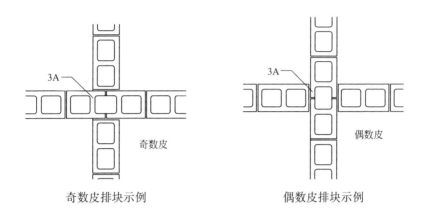

3A

奇数皮

奇数皮排块示例

3A

偶数皮

偶数皮排块示例

十字墙设芯柱排块效果图

工艺说明

本图为190mm厚十字墙设芯柱排块图；十字交叉处用3A块型进行组砌，除每楼层第一皮按结构设计要求设芯柱清扫口块外，其余的均按二皮循环一次排块。在工程中半孔不能作为插筋芯柱，当需要插筋时，需调整成整孔的尺寸。

020204 转角墙设构造柱排块

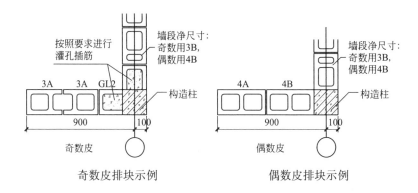

奇数皮排块示例　　　　偶数皮排块示例

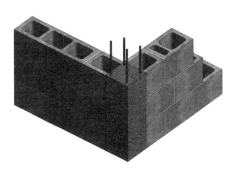

转角墙设构造柱排块效果图

工艺说明

　　本图为190mm厚转角墙设构造柱排块示例,奇数皮采用GL2、3A块型组砌,偶数皮采用4A、4B块型进行排块,竖向均按二皮一循环排列;抗震设计时,应贯通填实构造柱相邻的砌块孔洞。

020205 丁字墙设构造柱排块

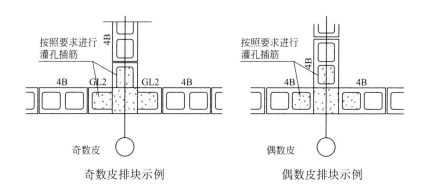

按照要求进行
灌孔插筋

4B   GL2   GL2   4B

奇数皮

奇数皮排块示例

按照要求进行
灌孔插筋

4B   4B

偶数皮

偶数皮排块示例

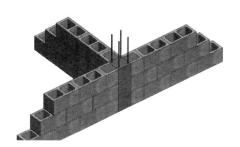

丁字墙设构造柱排块效果图

工艺说明

　　本图为190mm厚丁字墙设构造柱排块示例，构造柱处采用GL2块型组砌，其余用4B块型进行排块；竖向均按二皮一循环排列；抗震设计时，应贯通填实构造柱相邻的砌块孔洞。

020206 十字墙设构造柱排块

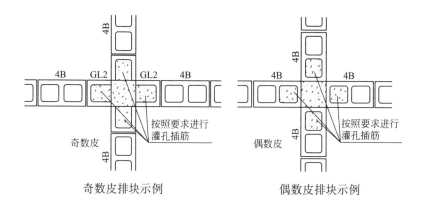

奇数皮排块示例   偶数皮排块示例

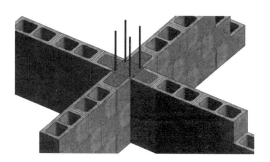

十字墙设构造柱排块效果图

工艺说明

　　本图为190mm厚十字墙设构造柱排块示例，构造柱处用GL2块型组砌，其余用4B块型进行排块；竖向均按二皮一循环排列；抗震设计时，应贯通填实构造柱相邻的砌块孔洞。

第三节 ● 组砌形式及留槎

020301 对孔砌筑

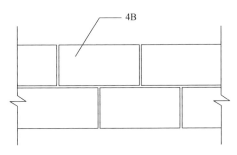

对孔砌筑构造示例

对孔砌筑效果图

工艺说明

砌块砌筑时，每层砌块应顺砌，当墙、柱内设置芯柱时，应采用对孔砌筑，即上下层砌块应孔对孔、肋对肋，上下两皮小砌块搭砌长度应为195mm。

020302 错孔砌筑

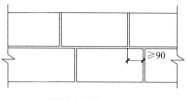

搭接长度≥90mm

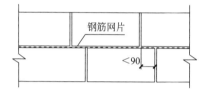

搭接长度＜90mm

错孔砌筑效果图

工艺说明

当墙体设构造柱或使用多排孔小砌块及插填聚苯板或其他绝热保温材料的小砌块砌筑墙体时，可采用错孔砌筑，但应错缝搭砌，搭砌长度不应小于90mm，搭接长度不满足要求时，应在水平灰缝中设置φ4的钢筋网片，钢筋网片两端均应该超过该位置竖缝不小于400mm。

020303 留槎构造

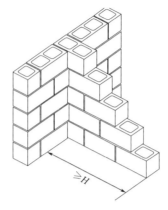

留槎构造示例

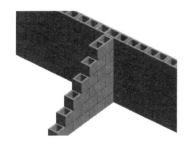

设斜槎效果图

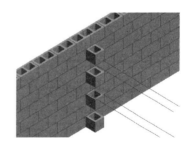

设直槎效果图

工艺说明

　　砌块砌体临时间断处应砌成斜槎，斜槎水平长度不应小于斜槎高度；如留槎有困难，除外墙转角处及抗震设防地区，砌体临时间断处不应留直槎外，从砌块面伸出200mm砌成阴阳槎，并沿砌体高每三皮砌块（600mm），设拉结筋或钢筋网片。

第四节 • 墙身（体）构造

020401 基础墙身保温构造

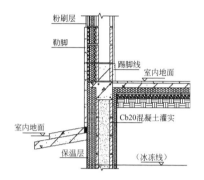

基础墙身（有冻土层无地下室）保温构造示例

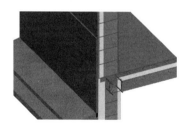

基础墙身保温效果图

工艺说明

　　外墙采用保温砌块，室内地面以下的砌块孔洞应用不小于Cb20的混凝土填实。基础圈梁或防潮层的设置位置宜按具体工程设计设置，基础圈梁截面高度应不小于200mm，纵筋不少于4φ14，箍筋不小于φ6@200。室外地面以下外墙外保温应根据当地节能保温要求设置，严寒和寒冷地区宜延伸至当地冻土层深度以下。勒脚及地坪以下保温层应选用压缩强度高、吸水率低的硬质保温材料。

020402 预制空心板支撑处墙身构造

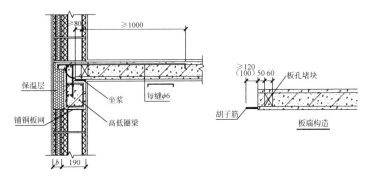

预制空心板支撑处墙身构造示例

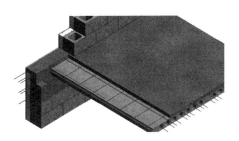

预制空心板支撑处效果图

工艺说明

本节点适合抗震设防烈度为6~8度，设防类别为丙类房屋的楼、屋盖。预制板板端50mm应采用C25细石混凝土灌实，并应设胡子筋，胡子筋深入内墙的长度不小于100mm，伸入外墙的长度不小于120mm。预制空心板在墙上的搁置长度不宜小于80mm，板端底部采用M5砂浆坐浆10mm。预制空心板板面应设置厚度不小于50mm的C25混凝土现浇面层，并单层双向配φ6@250的钢筋网片，沿预制空心板跨度方向每板缝设置φ6的钢筋与墙体上的圈梁拉结，拉结筋从板端算起深入预制空心板的长度不小于1000mm。

020403 叠合板支撑处墙身构造

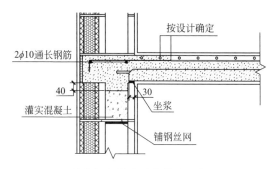

叠合板支撑处墙身构造示例

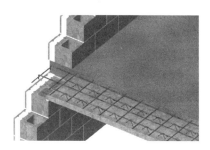

叠合板支撑处效果图

工艺说明

叠合板现浇混凝土强度等级应不低于 C25，且应配置钢筋网片，具体应符合工程设计要求，叠合板在小砌块墙上的搁置长度不宜小于 30mm，板端采用不小于 M5 砂浆坐浆 10mm，板下一皮砌块灌混凝土时应与叠合板整浇层一起浇筑。叠合板应留有外伸板底纵筋，应伸到墙中线，且长度不小于 5d。叠合板板端沿墙长按工程设计要求设置加强钢筋，且不应少于 2ϕ10。

020404 楼梯间墙体构造

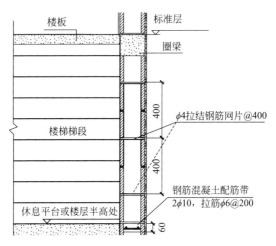

楼梯间墙体构造示例

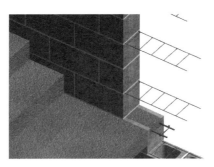

楼梯间墙体构造效果图

工艺说明

　　本图适用于楼梯间墙体的构造，楼梯间设芯柱的情况按照第六节芯柱及构造柱相关条文执行。楼梯间墙体沿着墙体高度每400mm通长设置 $\phi4$ 的拉结钢筋网片。在休息平台或楼层半高处应设置钢筋混凝土配筋板带，板带的高度为60mm，水平筋配置不小于 $2\phi10$，拉结筋不小于 $\phi6@200$。

020405 女儿墙节点构造

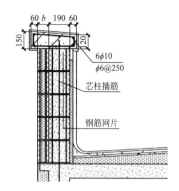

女儿墙墙体构造示例

女儿墙墙体构造效果图

工艺说明

女儿墙墙体应采用不低于 MU7.5 的砌块和不低于 Mb7.5 的砂浆砌筑，并采用 Cb20 灌孔混凝土灌实，压顶采用 C20 混凝土浇筑，水平配筋为 $6\phi10$，箍筋为 $\phi6$，间距为 250mm，压顶应设伸缩缝，间距不宜大于 12m。沿女儿墙高每皮应设置通长 $\phi4$ 点焊拉结钢筋网片，女儿墙芯柱的间距按设计要求设置，插筋的直径应与顶层墙体芯柱钢筋直径相同，插筋下端锚入圈梁的水平长度为 $15d$，上端锚入压顶的水平段长度为 150mm。当女儿墙高度＞1.0m 时，应根据设计计算另外采取加强措施。

020406 墙身变形缝节点构造

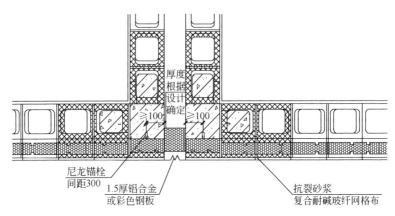

墙身变形缝节点构造示例

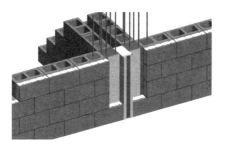

墙身变形缝节点构造效果图

工艺说明

　　变形缝的间距根据设计确定，两侧墙体转角处宜设置构造柱。两墙体变形缝之间采用聚苯板塞缝，聚苯板用建筑胶水与墙体粘牢。变形缝处的盖板可采用 1.5mm 厚铝合金或彩色钢板，盖板垂直搭接距离为 50mm，颜色同外墙，盖板与墙体采用尼龙锚栓固定，竖向间距 300mm，水平间距距墙边不小于 100mm。

第五节·门窗洞口与过梁

020501 防止洞口处墙体开裂措施

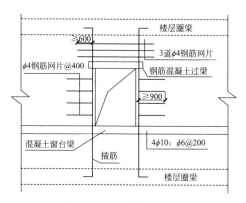

洞口处防开裂构造示例

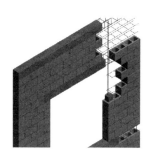

洞口处防开裂构造效果图

工艺说明

　　墙体窗洞口处宜通长设置钢筋混凝土窗台梁，纵筋不少于4ϕ10，箍筋宜为ϕ6@200，混凝土强度等级宜为C20；洞顶宜采用钢筋混凝土过梁，过梁的配筋按设计确定，过梁上砌体水平灰缝内设3道2ϕ4焊接钢筋网片，并伸入过梁两端墙内不小于600mm；洞口两侧不少于一个孔洞中设置不少于1ϕ12的钢筋，钢筋应与楼层圈梁或基础锚固，并用不低于Cb20的混凝土灌实；在洞口两边的墙体水平灰缝中，设置长度不小于900mm、竖向间距为400mm的2ϕ4焊接钢筋网片。

020502 洞口处砌块过梁构造要求

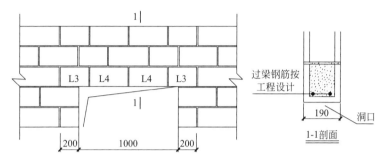

洞口砌块过梁构造示例

洞口砌块过梁构造效果图

工艺说明

　　本图适用于非抗震设计，图示为跨度1000mm的砌块过梁，过梁依次采用块型为GL3、GL4、GL4、GL3的砌块排块，砌块尺寸可委托厂家定制。砌块过梁的支撑长度应≥200mm，支撑面下的小砌块应填实一皮，下面托模采用铺设钢筋网的形式。洞口两侧宜设芯柱，支座处U形块底应留孔洞，便于芯柱贯通；过梁应采用不小于Cb20的混凝土灌实，按工程设计要求进行配筋。施工时，梁底应设置模板支撑，砌筑砂浆强度未达到设计要求的70%时，不得拆模。抗震时以及非抗震时跨度不小于1200mm的过梁宜采用混凝土过梁。

第六节 ● 芯柱及构造柱

020601 芯柱的平面布置

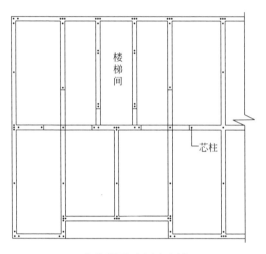

芯柱的平面布置示例

工艺说明

　　本图适用于设防类别为丙类，6度不超过5层、7度不超过4层、8度不超过3层的小砌块房屋芯柱的平面布置。芯柱设置部位为外墙转角处（灌3个孔）、内外墙交接处（灌4个孔）、楼梯斜梯段对应墙体处（灌2个孔）。不同设防类别、设防烈度、房屋类型应按照现行《建筑抗震设计标准》GB/T 50011的要求进行布置。

020602 芯柱与基础的连接

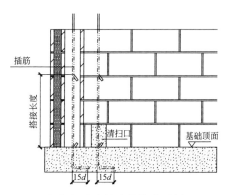

芯柱与基础的连接构造示例

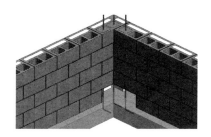

芯柱与基础的连接构造效果图

工艺说明

当芯柱不直接锚入基础时，应伸入室外地面以下500mm，或与埋深小于500mm的基础圈梁相连，当结构层数和高度接近规定限值以及芯柱处墙体需搁置梁时，芯柱的纵筋宜锚入基础内。±0.000以下所有砌块内的孔洞应采用不低于Cb20的混凝土灌实，有芯柱部位每层最底皮应留清扫口，芯柱的灌孔混凝土强度不应低于Cb20，灌孔数量按设计确定；设防类别为丙类，插筋不应小于1φ12，6、7度＞5层，8度＞4层时，插筋为1φ14。芯柱插筋与基础锚筋的搭接长度按计算确定，基础锚筋的水平段弯折长度为15d。

020603 转角墙芯柱构造

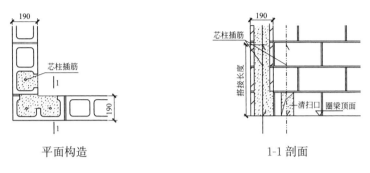

平面构造   1-1 剖面

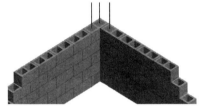

转角墙芯柱构造效果图

工艺说明

(1) 每层的第一皮砌块砌筑时，芯柱处需留出清扫口。

(2) 灌孔数量：设防类别为丙类，6 度≤6 层、7 度≤5 层、8 度≤4 层时，灌实 3 个孔；6 度 7 层、7 度 6 层、8 度 5 层时，灌实 5 个孔；7 度 7 层、8 度≥6 层时，灌实 7 个孔。

(3) 芯柱插筋：芯柱的竖向插筋应贯通墙身且与圈梁连接；插筋不应小于 1φ12，6、7 度时超过 5 层、8 度时超过 4 层时，插筋不应小于 1φ14；芯柱插筋应从每层墙顶向下穿入小砌块孔洞，通过清扫口与从圈梁（基础圈梁、楼层圈梁）或连系梁伸出的竖向插筋绑扎搭接，搭接长度应符合设计。

(4) 芯柱混凝土：芯柱的混凝土应待墙体砂浆强度等级达到 1MPa 及以上时，方可浇灌，芯柱混凝土强度等级不低于 Cb20。

020604 丁字墙芯柱构造

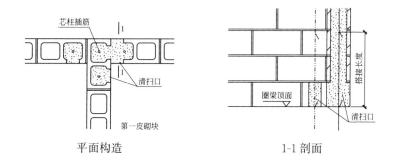

平面构造 　　　　　1-1 剖面

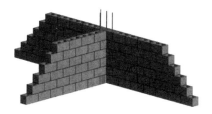

丁字墙芯柱构造效果图

工艺说明

（1）每层的第一皮砌块砌筑时，芯柱处需留出清扫口。

（2）灌孔数量：设防类别为丙类，6 度≤6 层、7 度≤5 层、8 度≤4 层时，灌实 4 个孔；6 度 7 层、7 度 6 层、8 度 5 层时，灌实 4 个孔；7 度 7 层、8 度≥6 层时，灌实 5 个孔。

（3）芯柱插筋：芯柱的竖向插筋应贯通墙身且与圈梁连接；插筋不应小于 1φ12，6、7 度超过 5 层、8 度超过 4 层时，插筋不应小于 1φ14；芯柱插筋应从每层墙顶向下穿入小砌块孔洞，通过清扫口与从圈梁（基础圈梁、楼层圈梁）或连系梁伸出的竖向插筋绑扎搭接，搭接长度应符合设计要求。

（4）芯柱混凝土：芯柱混凝土应待墙体砌筑砂浆强度等级达到 1MPa 及以上时方可浇灌，强度等级不低于 Cb20。

020605 十字墙芯柱构造

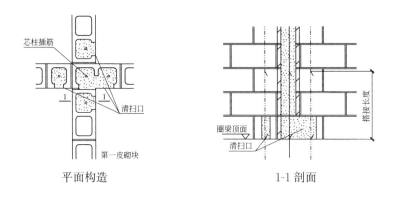

平面构造　　　　　　　1-1 剖面

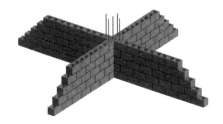

十字墙芯柱构造效果图

工艺说明

（1）每层的第一皮砌块砌筑时，芯柱处需留出清扫口。

（2）灌孔数量：灌实 5 个孔。

（3）芯柱插筋：芯柱的竖向插筋应贯通墙身且与圈梁连接；插筋不应少于 $1\phi 12$，6、7 度超过 5 层、8 度超过 4 层时，插筋不应少于 $1\phi 14$；芯柱插筋应从每层墙顶向下穿入小砌块孔洞，通过清扫口与从圈梁（基础圈梁、楼层圈梁）或连系梁伸出的竖向插筋绑扎搭接，搭接长度应符合设计要求。

（4）芯柱混凝土：芯柱的混凝土应待墙体砌筑砂浆强度等级达到 1MPa 及以上时方可浇灌，强度等级不低于 Cb20。

020606 扶壁芯柱构造

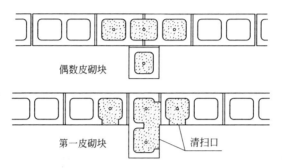

偶数皮砌块

第一皮砌块

清扫口

扶壁芯柱构造示例

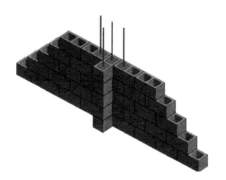

扶壁芯柱构造效果图

工艺说明

　　本图示砌块砌体的扶壁柱中砌块强度等级不应低于MU10，砌筑砂浆强度等级不应低于Mb7.5，灌孔混凝土强度等级不低于Cb20。扶壁柱应灌孔插筋，灌孔数不少于4个，插筋直径按照设计要求设置且不宜小于12mm，数量不应少于4根；拉结钢筋网片详见本章"第七节 拉筋设置"。

020607 构造柱平面布置

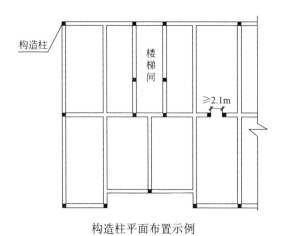

楼梯间

≥2.1m

构造柱

构造柱平面布置示例

工艺说明

　　本图适用于设防类别为丙类，6 度不超过 6 层、7 度不超过 5 层、8 度不超过 4 层的规则小砌块房屋构造柱的平面布置。构造柱应在墙转角处、楼梯间四角、楼梯斜梯段对应墙体处、较大洞口两侧、山墙与内纵墙交接处、隔开间横墙（轴线）与外墙交接处设置。构造柱的施工顺序应为先砌墙，然后用 Cb20 混凝土灌实。不同设防类别、设防烈度、房屋类型应按照现行《建筑抗震设计标准》GB/T 50011 的要求进行布置。

020608 构造柱与基础连接

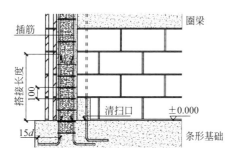

构造柱与基础连接构造示例

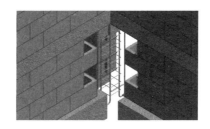

构造柱与基础连接构造效果图

工艺说明

当构造柱不能锚入基础时，应伸入室外地面以下 500mm，或与埋深小于 500mm 的基础圈梁相连，构造柱与圈梁连接处，构造柱的纵筋应在圈梁纵筋内侧穿过，保证构造柱纵筋上下贯通。构造柱截面不宜小于 190mm×190mm，纵向钢筋不宜少于 $4\phi12$，箍筋采用 $\phi6$，间距不宜大于 250mm，6、7 度超过 5 层、8 度超过 4 层时，构造柱纵向钢筋宜采用 $4\phi14$，箍筋间距不应大于 200mm，在正负零以下及正负零钢筋搭接处箍筋间距宜加密为 100mm；构造柱纵筋、芯柱插筋宜在正负零处搭接，搭接长度按计算确定，水平段弯折长度为 15d。

020609 转角墙构造柱构造

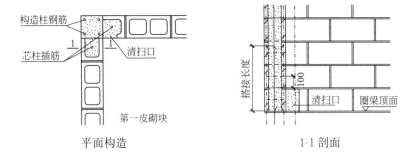

平面构造　　　　　　　　　　1-1 剖面

转角墙构造柱构造效果图

工艺说明

（1）每层的第一皮砌块砌筑时，有芯柱处需留出清扫口。

（2）构造柱截面不宜小于 190mm×190mm，强度不低于 C20。

（3）构造柱纵筋宜采用 4φ12，箍筋宜为 φ6@250/125，6、7 度超过 5 层，8 度超过 4 层时，纵筋宜为 4φ14，箍筋宜为 φ6@200/100。

（4）构造柱与砌块墙连接处应砌成马牙槎，与构造柱相邻的砌块孔洞，6 度时宜填实，7 度时应填实，8 度时应填实并插筋。

（5）构造柱与圈梁连接处，构造柱的纵筋应在圈梁纵筋内侧穿过，保证构造柱纵筋上下贯通。

020610 丁字墙构造柱构造

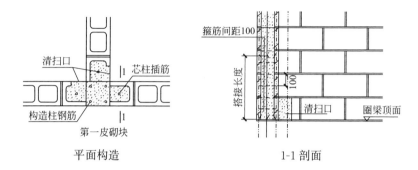

平面构造 　　　　　　　　　　　　　　1-1 剖面

丁字墙构造柱构造效果图

工艺说明

（1）每层的第一皮砌块砌筑时，有芯柱处需留出清扫口。

（2）构造柱截面不宜小于 $190mm \times 190mm$，强度不低于 C20。

（3）构造柱纵筋宜采用 $4\phi12$，箍筋宜采用 $\phi6@250/125$，6、7 度超过 5 层，8 度超过 4 层时，纵筋宜采用 $4\phi14$，箍筋宜采用 $\phi6@200/100$。

（4）构造柱与砌块墙连接处应砌成马牙槎，与构造柱相邻的砌块孔洞，6 度时宜填实，7 度时应填实，8 度时应填实并插筋。

（5）构造柱与圈梁连接处，构造柱的纵筋应在圈梁纵筋内侧穿过，保证构造柱纵筋上下贯通。

020611 十字墙构造柱构造

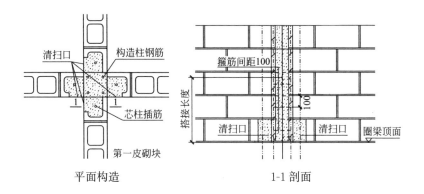

平面构造　　　　　　　　　　　1-1 剖面

十字墙构造柱构造效果图

工艺说明

（1）每层的第一皮砌块砌筑时，有芯柱处需留出清扫口。

（2）构造柱截面不宜小于 190mm×190mm，强度不低于 C20。

（3）构造柱纵筋宜采用 4ϕ12，箍筋宜采用 ϕ6@250/125，6、7 度超过 5 层，8 度超过 4 层时，纵筋宜采用 4ϕ14，箍筋宜采用 ϕ6@200/100。

（4）构造柱与砌块墙连接处应砌成马牙槎，与构造柱相邻的砌块孔洞，6 度时宜填实，7 度时应填实，8 度时应填实并插筋。

（5）构造柱与圈梁连接处，构造柱的纵筋应在圈梁纵筋内侧穿过，保证构造柱纵筋上下贯通。

第七节 • 拉结筋设置

020701 芯柱与外墙拉结

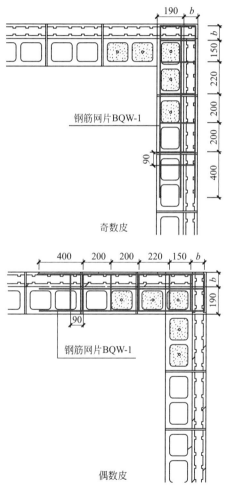

芯柱与外墙拉结示例

芯柱与外墙拉结效果图

工艺说明

(1) 拉结筋的形式：墙体水平拉结筋宜采用定制的 $\phi4$ 平面内焊接钢筋网片，也可采用 $2\phi6$ 水平筋和 $\phi4@400$ 分布短筋平面内电焊钢筋网片。

(2) 特殊部位：6、7、8 度时，楼梯间沿墙高每隔 400mm 设置一道拉结筋并通长布置；6、7 度时，房屋底部 1/3 楼层及长度大于 7.2m 的墙，沿墙高每隔 400mm 设置一道拉结筋并通长布置；8 度时，底部 1/2 楼层、外墙转角、内外墙交接部位沿墙高每隔 400mm 设置一道拉结筋并通长布置。

(3) 一般部位：6、7、8 度时，一般部位在楼层墙体转角和纵横墙交接处沿墙高每隔 400mm 设拉结筋或网片，埋入墙内的长度不小于 700mm，并应沿墙高每 600mm 设通长拉结筋。

(4) 拉结钢筋网片的搭接：设通长钢筋网片时需要搭接，搭接长度为 300mm，采用平接的模式。

(5) 为防止拉结钢筋网片纵横两个方向搭接导致灰缝厚度不足，采取错皮设置的形式。当钢筋网片仍无法埋在砌筑砂浆中时，应做防锈处理或局部灌实一皮。

芯柱与内墙拉结

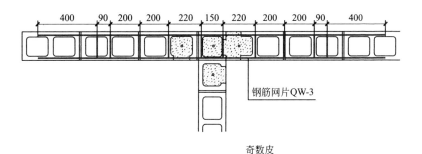

奇数皮

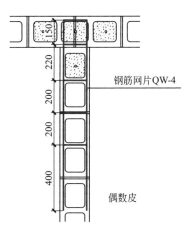

偶数皮

芯柱与内墙拉结示例

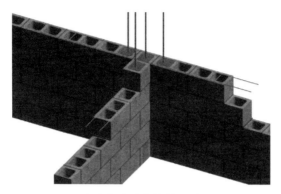

芯柱与内墙拉结效果图

工艺说明

（1）拉结钢筋的形式：墙体水平拉结钢筋宜采用定制的 $\phi4$ 平面内焊接钢筋网片，也可采用 $2\phi6$ 水平筋和 $\phi4@400$ 分布短筋平面内电焊钢筋网片。

（2）特殊部位：6、7、8 度时，楼梯间沿墙高每隔 400mm 设置一道拉结钢筋并通长布置；6、7 度时，房屋底部 1/3 楼层及长度大于 7.2m 的墙沿墙高每隔 400mm 设置一道拉结钢筋并通长布置；8 度时，底部 1/2 楼层、内外墙交接部位沿墙高每隔 400mm 设置一道拉结钢筋并通长布置。

（3）一般部位：6、7、8 度时一般部位在楼层墙体转角和纵横墙交接处沿墙高每隔 400mm 设拉结钢筋或网片，埋入墙内的长度不小于 700mm，并应沿墙高每 600mm 设通长拉结钢筋。

（4）拉结钢筋网片的搭接：设通长钢筋网片时需要搭接，搭接长度为 300mm，采用平接的模式。

（5）为防止拉结钢筋网片纵横两个方向搭接导致灰缝厚度不足，采取错皮设置的形式。当钢筋网片仍无法埋在砌筑砂浆中时，应做防锈处理或局部灌实一皮。

020703 构造柱与外墙拉结

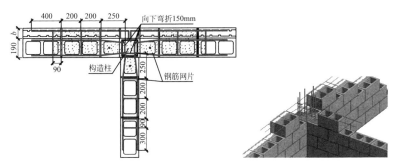

构造柱与外墙拉结示例　　　　　构造柱与外墙拉结效果图

工艺说明

（1）拉结筋的形式：墙体水平拉结筋宜采用定制的 $\phi4$ 平面内焊接钢筋网片，也可采用 $2\phi6$ 水平筋和 $\phi4@400$ 分布短筋平面内电焊钢筋网片。

（2）特殊部位：6、7、8 度时，楼梯间沿墙高每隔 400mm 设置一道拉结筋并通长布置；6、7 度时，房屋底部 1/3 楼层及长度大于 7.2m 的墙沿墙高每隔 400mm 设置一道拉结筋并通长布置；8 度时，底部 1/2 楼层、外墙转角、内外墙交接部位沿墙高每隔 400mm 设置一道拉结筋并通长布置。

（3）一般部位：6、7、8 度时一般部位在楼层墙体转角和纵横墙交接处沿墙高每隔 400mm 设拉结筋或网片，埋入墙内的长度不小于 700mm，并应沿墙高每 600mm 设通长拉结筋。

（4）拉结钢筋网片的搭接：设通长钢筋网片时需要搭接，搭接长度为 300mm，采用平接的模式。

（5）拉结钢筋网片锚入构造柱的水平距离为 50mm，向下弯折的长度为 150mm，纵横向同皮设置钢筋网片。

020704 构造柱与内墙拉结

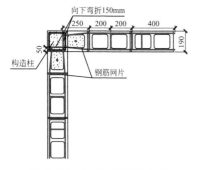

构造柱与内墙拉结结构示例

构造柱与内墙拉结效果图

工艺说明

（1）拉结筋的形式：墙体水平拉结筋宜采用定制的 $\phi4$ 平面内焊接钢筋网片，也可采用 $2\phi6$ 水平筋和 $\phi4@400$ 分布短筋平面内电焊钢筋网片。

（2）特殊部位：6、7、8 度时，楼梯间沿墙高每隔 400mm 设置一道拉结筋并通长布置；6、7 度时，房屋底部 1/3 楼层及长度大于 7.2m 的墙沿墙高每隔 400mm 设置一道拉结筋并通长布置；8 度时，底部 1/2 楼层、外墙转角、内外墙交接部位沿墙高每隔 400mm 设置一道拉结筋并通长布置。

（3）一般部位：6、7、8 度时一般部位在楼层墙体转角和纵横墙交接处沿墙高每隔 400mm 设拉结筋或网片，埋入墙内的长度不小于 700mm，并应沿墙高每 600mm 设通长拉结筋。

（4）拉结钢筋网片的搭接：通长钢筋网片时需要搭接，搭接长度为 300mm，采用平接模式。

（5）拉结钢筋网片锚入构造柱的水平距离为 50mm，向下弯折的长度为 150mm，纵横向同皮设置钢筋网片。

020705 后砌隔墙的拉结

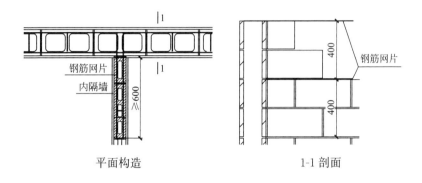

平面构造   1-1 剖面

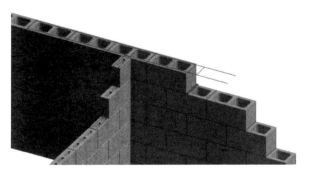

后砌隔墙拉结效果图

工艺说明

　　后砌隔墙拉结筋宜采用定制的 φ4 平面内焊接钢筋网片，也可采用 2φ6 水平筋和 φ4@400 分布短筋平面内电焊钢筋网片；拉结钢筋网片沿墙高每隔 400mm 设置一道，钢筋网片深入隔墙的长度不小于 600mm；当钢筋网片无法埋在砌筑砂浆中时，应做防锈处理或局部灌实一皮。

020706 扶壁柱与墙体的拉结

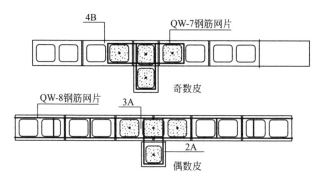

扶壁柱与墙体拉结平面构造

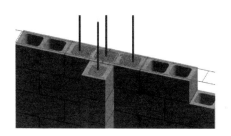

扶壁柱与墙体拉结效果图

工艺说明

　　扶壁柱拉结筋的形式宜采用定制的 φ4 平面内焊接钢筋网片，也可采用 2φ6 水平筋和 φ4@400 分布短筋平面内电焊钢筋网片。奇数皮和偶数皮的钢筋网片如图所示，竖向间距为 400mm；设防烈度为 6、7、8 度时的楼梯间，6、7 度时，房屋底部 1/3 的楼层，8 度时，房屋底部 1/2 的楼层钢筋网片应通长布置，通长钢筋网片需搭接时，搭接长度为 300mm，采用平接的方式；其他部位钢筋网片埋入墙内的长度不小于 700mm。

020707 预制空心板与外墙拉结

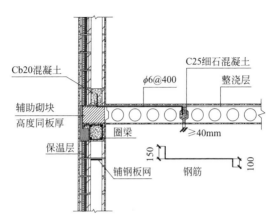

预制空心板与外墙拉结构造示例

预制空心板与外墙拉结构造效果图

工艺说明

　　本示例适用于板跨大于 4.8m 的预制板与其侧边平行外墙的拉结；埋设拉结筋弯钩的预制板板缝加宽不小于 40mm，并用不低于 C25 的细石混凝土填实；拉结筋采用 $\phi6$ 钢筋，间距 400mm，锚入预制板内向下弯折的长度为 100mm，锚入墙体中向上弯折的长度为 150mm；预制板板面设置厚度不小于 50mm 的 C25 细石混凝土面层，并配 $\phi6@250$ 双向钢筋网片。

第三章 配筋砌体工程

第一节 ● 网状配筋砖砌体

030101 一字墙通用构造（普通砖、蒸压砖）

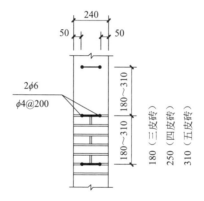

图 1 240mm 厚墙体水平配筋

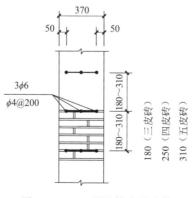

图 2 370mm 厚墙体水平配筋

工艺说明

　　本条用于6～8度普通砖、蒸压砖楼房中需要提高抗震能力的水平配筋墙体。砂浆强度等级不应低于M10；配筋灰缝厚度为12～15mm。横向钢筋$\phi4$不设弯钩或直钩，与纵向钢筋采用平焊加工。图1用于240mm厚墙体，水平、纵向钢筋2根$\phi6$配筋，保护层厚度50mm；横向钢筋$\phi4$，间距200mm；三皮砖设置一道配筋间距为180mm；四皮砖设置一道配筋间距为250mm；五皮砖设置一道配筋间距为310mm。图2用于370mm厚墙体，水平、纵向钢筋3根$\phi6$配筋，保护层厚度50mm；横向钢筋$\phi4$，间距200mm；三皮砖设置一道配筋间距为180mm；四皮砖设置一道配筋间距为250mm；五皮砖设置一道配筋间距为310mm。

030102 一字墙通用构造（多孔砖）

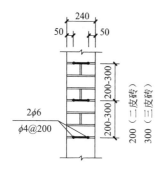

图1 240mm厚墙体水平配筋

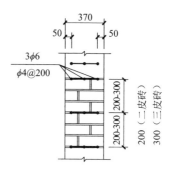

图2 370mm厚墙体水平配筋

工艺说明

本条用于6～8度多孔砖楼房中需要提高抗震能力的水平配筋墙体。砂浆强度等级不应低于M10；配筋灰缝厚度为12～15mm。横向钢筋$\phi4$不设弯钩或直钩，与纵向钢筋采用平焊加工。图1用于240mm厚墙体，水平、纵向钢筋2根$\phi6$配筋，保护层厚度50mm；横向钢筋$\phi4$，间距200mm；二皮砖设置一道配筋间距为200mm，三皮砖设置一道配筋间距为300mm。图2用于370mm厚墙体，水平、纵向钢筋3根$\phi6$配筋，保护层厚度50mm；横向钢筋$\phi4$，间距200mm；二皮砖设置一道配筋间距为200mm，三皮砖设置一道配筋间距为300mm。

030103 十字墙通用构造（多孔砖）

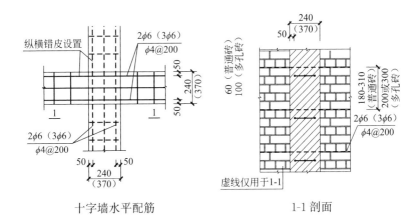

十字墙水平配筋　　　　　　　　1-1 剖面

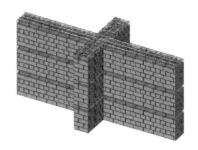

工艺说明

（1）本条用于6～8度普通砖、蒸压砖以及多孔砖需要提高抗震能力的墙体。

（2）240mm 厚墙体纵向钢筋为2φ6，370mm 厚墙体纵向钢筋为3φ6，横向钢筋均为φ4，间距为200mm，纵横向钢筋错皮设置，纵向钢筋保护层厚度为50mm。钢筋网片设置与030101、030102配合使用。

（3）括号内配筋用于370mm 厚墙。

030104 砌体洞边无框水平钢筋锚固

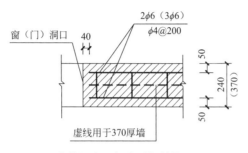

砌体洞边无框水平钢筋锚固

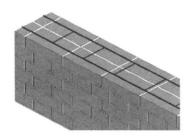

工艺说明

（1）本条与030101、030102配合使用。

（2）砂浆强度等级不应低于M10。

（3）240mm厚墙体纵向钢筋为2φ6，370mm厚墙体纵向钢筋为3φ6，横向钢筋均为φ4，间距为200mm，纵向钢筋侧面保护层厚度为50mm，端头保护层厚度为40mm。

（4）括号内配筋用于370mm厚墙体。

030105 砌体洞边有框水平钢筋锚固

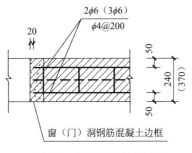

砌体洞边有框水平钢筋锚固

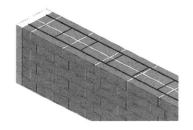

工艺说明

（1）本条与030101、030102配合使用。

（2）砂浆强度等级不应低于M10。

（3）240mm厚墙体纵向钢筋为2ϕ6，370mm厚墙体纵向钢筋为3ϕ6，横向钢筋均为ϕ4，间距为200mm，纵向钢筋侧面保护层厚度为50mm，端头保护层厚度为20mm。

（4）括号内配筋用于370mm厚墙体。

030106 丁字墙双向配筋构造

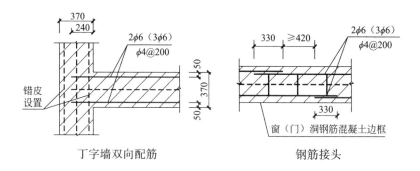

丁字墙双向配筋　　　　　　　　　　　　钢筋接头

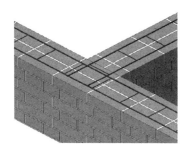

工艺说明

（1）本条与 030101、030102 配合使用。

（2）砂浆强度等级不应低于 M10。

（3）纵向钢筋为 3φ6，横向钢筋均为 φ4，间距为 200mm，纵向钢筋搭接长度大于 330mm，搭接接头错开 420mm 以上，纵向钢筋侧面保护层厚度为 50mm，纵向钢筋深入丁字墙的锚固长度为 240mm。

（4）纵横向钢筋错皮设置。

第二节 • 组合砖砌体

030201 墙体钢筋与构造柱连接（L形）

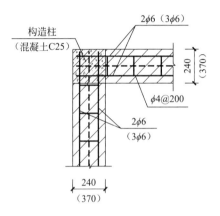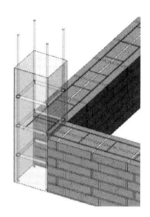

墙体钢筋与构造柱的连接水平配筋

工艺说明

（1）本条与030101、030102配合使用。图中括号内配筋用于370mm厚墙体。

（2）240mm厚墙体纵向钢筋为$2\phi6$，370mm厚墙体纵向钢筋为$3\phi6$，横向钢筋均为$\phi4$，间距为200mm，纵向钢筋侧面保护层厚度为50mm。

（3）纵横向钢筋错皮设置。

（4）水平钢筋弯入构造柱内，其锚固长度不小于$25d$且不小于200mm。

030202 墙体钢筋与构造柱连接（丁字形）

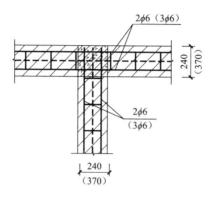

墙体钢筋与构造柱的连接水平配筋

工艺说明

（1）本条与030101、030102配合使用。

（2）图中括号内配筋用于370mm厚墙体。

（3）240mm厚墙体纵向钢筋为2φ6，370mm厚墙体纵向钢筋为3φ6，横向钢筋均为φ4，间距为200mm，纵向钢筋侧面保护层厚度为50mm。

（4）纵横向钢筋错皮设置。

（5）水平钢筋弯入构造柱内，其锚固长度不小于25d且不小于200mm。

030203 墙体钢筋与构造柱连接（十字形）

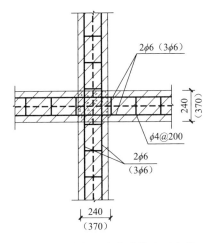

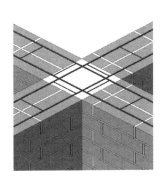

墙体钢筋与构造柱的连接水平配筋

工艺说明

（1）本条与 030101、030102 配合使用。

（2）图中括号内配筋用于 370mm 厚墙体。

（3）240mm 厚墙体纵向钢筋为 $2\phi6$，370mm 厚墙体纵向钢筋为 $3\phi6$，横向钢筋为 $\phi4$，间距为 200mm，纵向钢筋侧面保护层厚度为 50mm。

（4）纵横向钢筋错皮设置。

030204 墙体配筋带通用构造

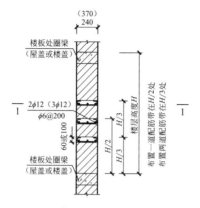

墙体配筋带水平配筋

1—1

纵向钢筋接头

工艺说明

（1）本条用于6～8度砖房中需要提高抗震能力的墙体。

（2）各楼层纵、横墙上的配筋带应尽可能统一高度。

（3）配筋带的混凝土强度等级不低于C25。

（4）楼层高度H，配置一道配筋带在H/2，配置两道配筋带在H/3。

（5）括号内配筋用于370mm厚墙体。240mm厚墙体选用2根φ12纵向钢筋，370mm厚墙体选用3根φ12纵向钢筋，横向钢筋选用φ6，钢筋间距200mm。

（6）纵向钢筋搭接长度不小于550mm，钢筋搭接接头要错开，错开位置不小于170mm。

030205 单向配筋带与构造柱连接（转角墙）

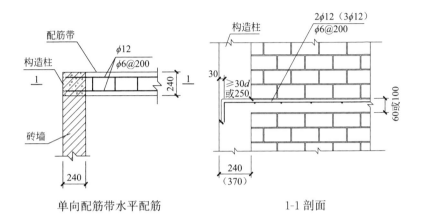

单向配筋带水平配筋　　　　　　　　　　　1-1 剖面

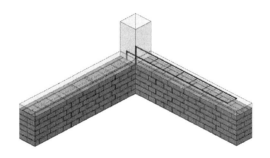

工艺说明

（1）本条与030110配合使用，可设一道或两道配筋带。

（2）纵向钢筋为2φ12，保护层厚度50mm，钢筋锚入构造柱内，其锚固长度不应小于30d或250mm。锚固钢筋端部保护层厚度30mm；横向钢筋为φ6，间距200mm。

030206 单向配筋带与构造柱连接（丁字墙）

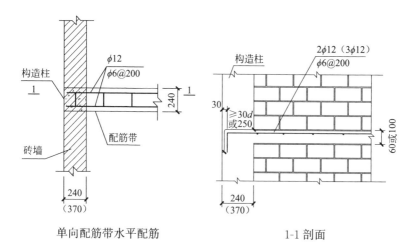

单向配筋带水平配筋　　　　　　　　1-1 剖面

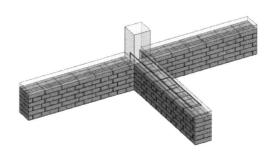

工艺说明

（1）本条与030110配合使用，可设一道或两道配筋带。

（2）纵向钢筋为2ϕ12，保护层厚度50mm，钢筋锚入构造柱内，其锚固长度不应小于30d或250mm。锚固钢筋端部保护层厚度30mm；横向钢筋为ϕ6，间距200mm。

030207 双向配筋带与构造柱连接（转角墙）

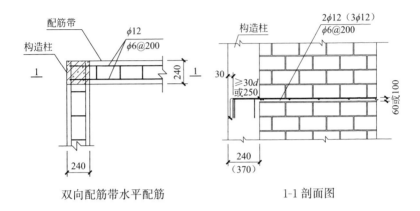

双向配筋带水平配筋

1-1 剖面图

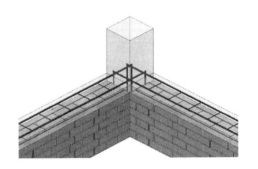

工艺说明

（1）本条与030110配合使用，可设一道或两道配筋带。

（2）纵向钢筋为2φ12，保护层厚度50mm，钢筋弯入构造柱内，其锚固长度不应小于30d或250mm。锚固钢筋端部保护层厚度30mm。横向钢筋为φ6，间距200mm。

030208 双向配筋带与构造柱连接（丁字墙）

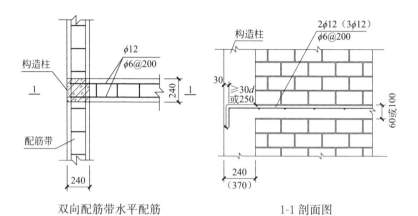

双向配筋带水平配筋

1-1 剖面图

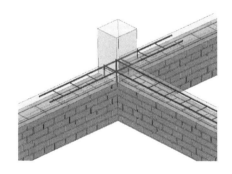

工艺说明

（1）本条与030110配合使用，可设一道或两道配筋带。

（2）纵向钢筋为2φ12，保护层厚度50mm，钢筋弯入构造柱内，其锚固长度不应小于30d或250mm。锚固钢筋端部保护层厚度30mm。横向钢筋为φ6，间距200mm。

030209 双向配筋带与构造柱连接（十字墙）

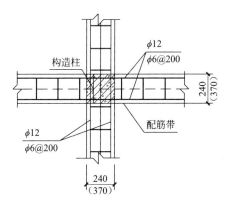

双向配筋带水平配筋

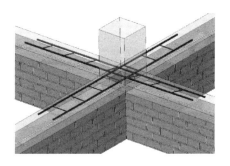

工艺说明

（1）本条与030110配合使用，可设一道或两道配筋带。

（2）纵向钢筋为$2\phi12$，保护层厚度50mm，横向钢筋为$\phi6$，间距200mm。

030210 墙体连系梁通用构造

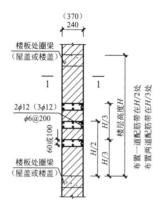

墙体连系梁水平配筋

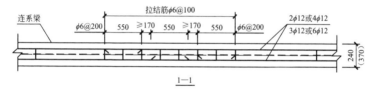

1—1

纵向钢筋接头

工艺说明

（1）本条用于6～8度砖房中需要提高抗震能力的墙体。

（2）各楼层纵、横墙上的配筋带应尽可能统一高度。

（3）连系梁的混凝土强度等级不低于C25。

（4）楼层高度 H，配置一道连系梁在 $H/2$，配置两道连系梁在 $H/3$。

（5）括号内配筋用于370mm厚墙体。240mm厚墙体选用4根 $\phi12$ 纵向钢筋，370mm厚墙体选用6根 $\phi12$ 纵向钢筋。横向钢筋选用 $\phi6$，钢筋间距200mm。

（6）纵向钢筋搭接长度不小于550mm，钢筋搭接接头要错开，错开距离不小于170mm。

030211 单向连系梁与构造柱连接（转角墙）

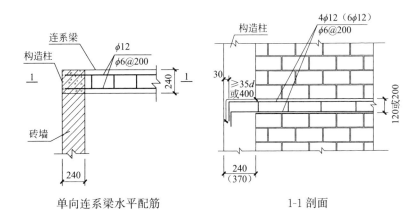

单向连系梁水平配筋   1-1 剖面

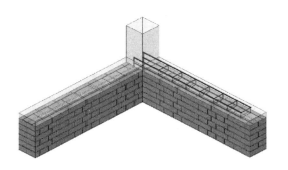

工艺说明

（1）本条与030110配合使用，可设一道或两道连系梁。

（2）纵向钢筋为4ϕ12，保护层厚度50mm，钢筋锚入构造柱内，其锚固长度不应小于35d或400mm。锚固钢筋端部保护层厚度30mm；箍筋为ϕ6，间距200mm。

030212 单向连系梁与构造柱连接（丁字墙）

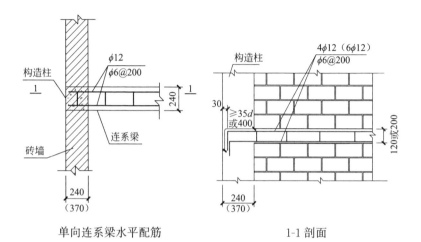

单向连系梁水平配筋　　　　　　　　　　1-1 剖面

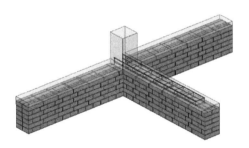

工艺说明

（1）本条与030110配合使用，可设一道或两道连系梁。

（2）纵向钢筋为4φ12，保护层厚度50mm，钢筋锚入构造柱内，其锚固长度不应小于35d或400mm。锚固钢筋端部保护层厚度30mm；箍筋为φ6，间距200mm。

030213 双向连系梁与构造柱连接（转角墙）

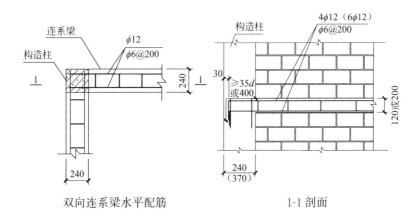

双向连系梁水平配筋　　　　　　　　1-1 剖面

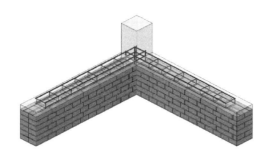

工艺说明

（1）本条与030111配合使用。

（2）纵向钢筋为4ϕ12，保护层厚度50mm，水平钢筋锚入构造柱内，其锚固长度不应小于35d或400mm。锚固钢筋端部保护层厚度30mm。横向箍筋ϕ6，间距200mm。

030214 双向连系梁与构造柱连接（丁字墙）

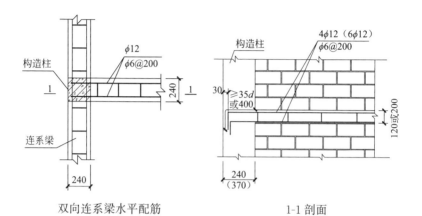

双向连系梁水平配筋　　　　　　　　1-1 剖面

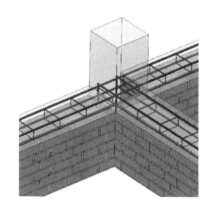

工艺说明

（1）本条与030111配合使用。

（2）纵向钢筋为4φ12，保护层厚度50mm，水平钢筋弯入构造柱内，其锚固长度不应小于35d 或400mm。锚固钢筋端部保护层厚度30mm。横向箍筋 φ6，间距200mm。

030215 双向连系梁与构造柱连接（十字墙）

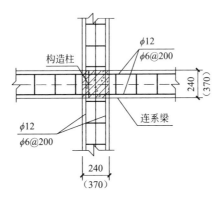

双向连系梁水平配筋

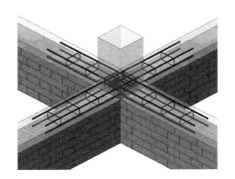

工艺说明

（1）本条与030111配合使用。

（2）纵向钢筋为4ϕ12，保护层厚度50mm，横向箍筋ϕ6，间距200mm。

（3）砂浆强度等级满足设计要求。

030216 有边框窗间墙配筋带构造

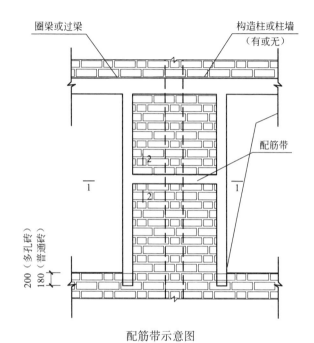

配筋带示意图

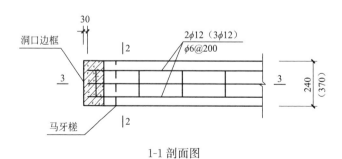

1-1 剖面图

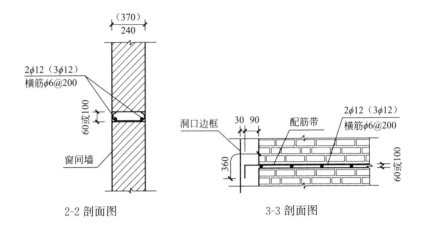

2-2 剖面图   3-3 剖面图

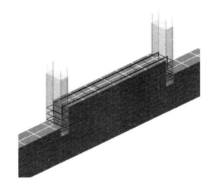

工艺说明

（1）本条用于6～8度砖房中需要提高抗震能力的窗间墙。

（2）内墙上的配筋带宜与窗间墙配筋带设置在同一高度。

（3）240mm厚墙体配筋带纵向钢筋为2根ϕ12，370mm厚墙体配筋带纵向钢筋为3根ϕ12，纵向钢筋深入边框长度为360mm，保护层厚度30mm，横向钢筋ϕ6，间距200mm。

（4）括号内配筋用于370mm厚墙体。

（5）配筋带混凝土强度不低于C25。

030217 有边框窗间墙连系梁构造

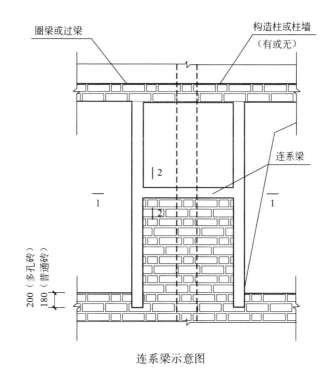

圈梁或过梁

构造柱或柱墙
（有或无）

连系梁

200（多孔砖）
180（普通砖）

连系梁示意图

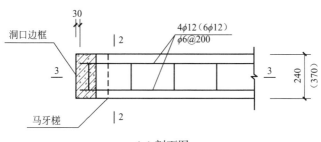

30

洞口边框

4φ12（6φ12）
φ6@200

240
（370）

马牙槎

1-1 剖面图

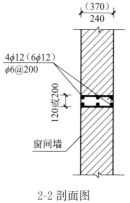

4φ12（6φ12）
φ6@200

120或200

窗间墙

2-2 剖面图

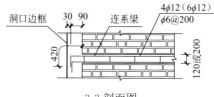

洞口边框 　30　90　连系梁

420

4φ12（6φ12）
φ6@200

120或200

3-3 剖面图

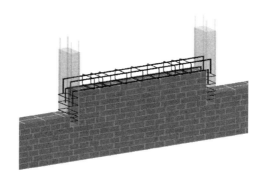

工艺说明

（1）本条用于6～8度砖房中需要提高抗震能力的窗间墙。

（2）240mm厚墙体连系梁纵向钢筋为4根φ12，370mm厚墙体连系梁纵向钢筋为6根φ12，纵向钢筋锚入边框长度为420mm，保护层厚度30mm，箍筋φ6，间距200mm。

（3）括号内配筋用于370mm厚墙体。

（4）连系梁混凝土强度等级不低于C25。

030218 门窗洞口侧边框构造

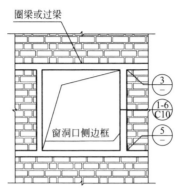

门窗洞口侧边框构造

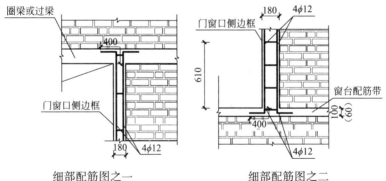

细部配筋图之一   细部配筋图之二

工艺说明

（1）本条用于门窗洞口侧边框配筋，纵向钢筋 $4\phi12$，锚固长度为 400mm，箍筋为 $\phi6$ 间距 200mm，与 030125 配合使用。

（2）混凝土强度等级不低于 C25。

030219 窗洞口侧边框与墙体构造

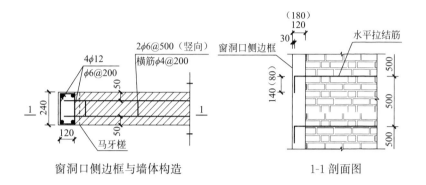

窗洞口侧边框与墙体构造

1-1 剖面图

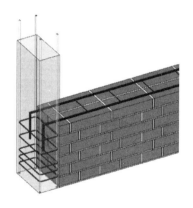

工艺说明

（1）本条用于窗洞口侧边框与墙体的拉结。

（2）水平拉结筋采用 $2\phi6$，每500mm布置一道，保护层厚度50mm。

（3）水平拉结筋弯折部分保护层厚度30mm，边框宽度180mm宽则弯折长度80mm，边框宽度120mm宽则弯折长度140mm。

第三节 • 配筋砌块砌体构造

030301 一字墙通用构造

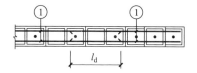

图1 一字墙水平钢筋双筋配筋

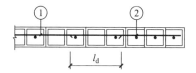

图2 一字墙水平钢筋单筋配筋

工艺说明

（1）本条用于一字墙水平配筋，分别为双筋配筋方案和单筋配筋方案。

（2）图1为双筋配筋方案，水平钢筋布置两根；图2为单筋配筋方案，水平钢筋布置一根；水平钢筋最小直径$\phi 8$，钢筋搭接长度：一级抗震钢筋搭接长度为$40d$，每层钢筋最大间距400mm，二级抗震钢筋搭接长度为$37d$，每层钢筋最大间距600mm，其他抗震钢筋搭接长度为$35d$，每层钢筋最大间距600mm。

030302 转角墙水平配筋构造

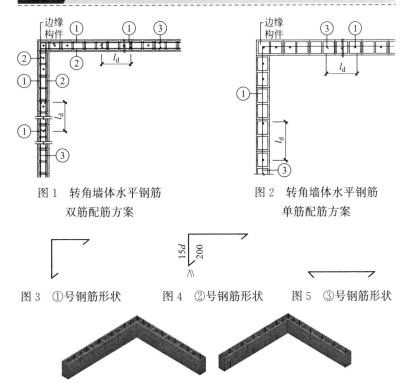

图1 转角墙体水平钢筋
　　　双筋配筋方案

图2 转角墙体水平钢筋
　　　单筋配筋方案

图3 ①号钢筋形状　　　图4 ②号钢筋形状　　　图5 ③号钢筋形状

工艺说明

（1）本条用于转角墙体水平配筋，分别为双筋配筋方案和单筋配筋方案。

（2）图1为双筋配筋方案，水平钢筋布置两根；图2为单筋配筋方案，水平钢筋布置一根；钢筋形状如图3~图5所示。水平钢筋最小直径 $\phi 8$，钢筋搭接长度：一级抗震钢筋搭接长度为 $40d$，每层钢筋最大间距400mm，二级抗震钢筋搭接长度为 $37d$，每层钢筋最大间距600mm，其他抗震钢筋搭接长度为 $35d$，每层钢筋最大间距600mm。

030303 丁字墙水平筋配筋构造

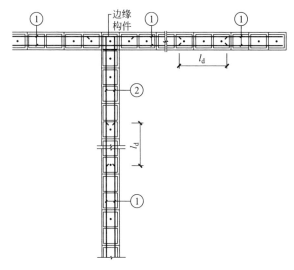

图1 丁字墙水平钢筋双筋配筋方案

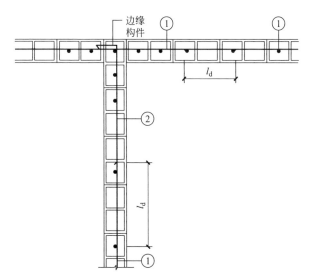

图2 丁字墙水平钢筋单筋配筋方案

图 3 ①号钢筋形状   图 4 ②号钢筋形状

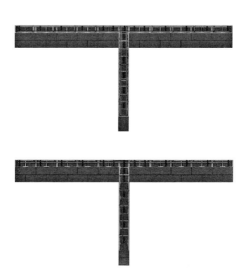

工艺说明

（1）本条用于丁字墙水平配筋，分别为双筋配筋方案和单筋配筋方案。

（2）图1为双筋配筋方案，水平钢筋布置两根；图2为单筋配筋方案，水平钢筋布置一根；钢筋形状如图3、图4所示。水平钢筋最小直径$\phi 8$，钢筋搭接长度：一级抗震钢筋搭接长度为$40d$，每层钢筋最大间距400mm，二级抗震钢筋搭接长度为$37d$，每层钢筋最大间距600mm，其他抗震钢筋搭接长度为$35d$，每层钢筋最大间距600mm。

030304 RM 剪力墙竖向钢筋布置和锚固搭接

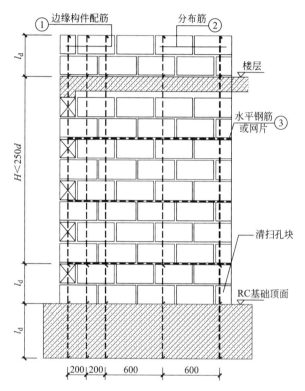

RM 剪力墙竖向钢筋布置和锚固搭接

非抗震设计时受拉钢筋的锚固和搭接长度

钢筋所在位置	锚固长度 l_a	搭接长度 l_d
芯柱混凝土中	$35d$ 且不小于 500mm	$39d$ 且不小于 500mm
在凹槽混凝土中	$30d$ 且弯折段不小于 $15d$ 和 200mm	$35d$ 且不小于 350mm

抗震设计时受力钢筋在砌体内的锚固 l_{aE} 和搭接长度 l_{dE}

配筋方式及部位		抗震等级			
		一	二	三	四
竖向钢筋	房屋高度≤50m 所有部位	$1.15l_a$ ($1.2l_a+5d$)		$1.05l_a$ ($1.2l_a$)	$1.0l_a$ ($1.2l_a$)
	房屋高度＞50m	$50d$		$40d$	
	基础顶面搭接				

注：表中括号内数字为搭接长度。

受拉钢筋在混凝土中的锚固及搭接长度

项次或名称	非抗震设防	抗震设防		
		一、二级 抗震等级	三级 抗震等级	四级 抗震等级
锚固长度 l_a 或 l_{aE}	l_a	$l_{aE}=1.15l_a$	$l_{aE}=1.05l_a$	$l_{aE}=l_a$
搭接长度 l_d 或 l_{dE}	$l_d=\zeta l_a$	$l_{dE}=\zeta l_{aE}$	$l_{dE}=\zeta l_{aE}$	$l_{dE}=\zeta l_{aE}$

注：1. 表中 l_a 为受拉钢筋在混凝土中的锚固长度，按现行《混凝土结构设计标准》GB/T 50010 第 9.3.1 条的规定采用；

2. 表中 ζ 为受拉钢筋搭接长度修正系数，当同一连接段内搭接钢筋面积百分率为≤25%、50%和100%时，分别取 1.2、1.4 和 1.6。

工艺说明

（1）本条用于 RM 剪力墙竖向钢筋布置和锚固搭接。

（2）竖向钢筋最小直径 $\phi12$，约束区竖向钢筋间距 200mm，非约束区一级抗震等级竖向钢筋间距 400mm，其他抗震等级竖向钢筋间距 600mm。

（3）钢筋的锚固长度和搭接长度按表格要求施工。

030305 配筋砌块砌体边缘构件钢筋设置及构造

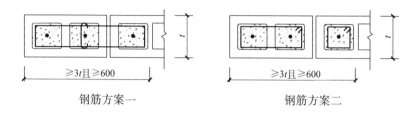

钢筋方案一　　　　　　　　　　钢筋方案二

工艺说明

（1）本条用于配筋砌块砌体边缘构件钢筋设置及构造。

（2）该边缘构件钢筋设置及构造，可用于墙体的端部、转角、丁字或十字交接处，且边缘构件的长度不小于 3 倍墙厚及 600mm。

（3）一级抗震等级，底部加强区竖向钢筋为 $3\phi20$，其他部位竖向钢筋为 $3\phi18$，箍筋或拉结筋直径和间距为 $\phi8@200$；二级抗震等级，底部加强区竖向钢筋为 $3\phi18$，其他部位竖向钢筋为 $3\phi16$，箍筋或拉结筋直径和间距为 $\phi8@200$；三级抗震等级，底部加强区竖向钢筋为 $3\phi14$，其他部位竖向钢筋为 $3\phi14$，箍筋或拉结筋直径和间距为 $\phi6@200$；四级抗震等级，底部加强区竖向钢筋为 $3\phi12$，其他部位竖向钢筋为 $3\phi12$，箍筋或拉结筋直径和间距为 $\phi6@200$。

030306 400mm×400mm 配筋砌块柱

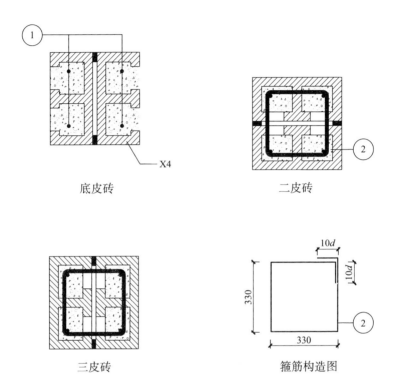

底皮砖

二皮砖

三皮砖

箍筋构造图

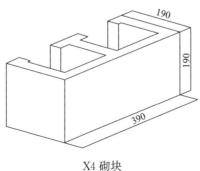

X4 砌块

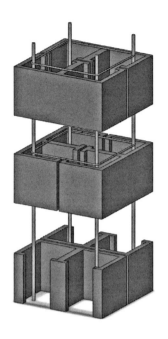

工艺说明

（1）本条用于 400mm×400mm 配筋砌块柱。

（2）上图分别是底皮砖、二皮砖、三皮砖的砌筑效果，上下皮对孔搭接，底皮布置清扫孔。为加强块间的连接，块缝间宜用无齿锯切成深约 50mm 的切口，以放置箍筋。灌孔混凝土的强度等级：Cb40、Cb35、Cb30、Cb25、Cb20。

（3）砌块柱的纵筋布置 4 根，纵筋直径不小于 $\phi 12$，也不宜大于 $\phi 22$；当纵筋的配筋率大于 0.25% 且柱承受的轴向力大于受压承载力设计值的 25%，柱应设置箍筋，箍筋的直径不应小于 $\phi 6$，也不宜大于 $\phi 10$，间距为 200mm，箍筋每边尺寸 330mm，箍筋应封闭或绕纵筋水平弯折 90°，弯折段长度不小于 10d。

030307 400mm×600mm 配筋砌块柱

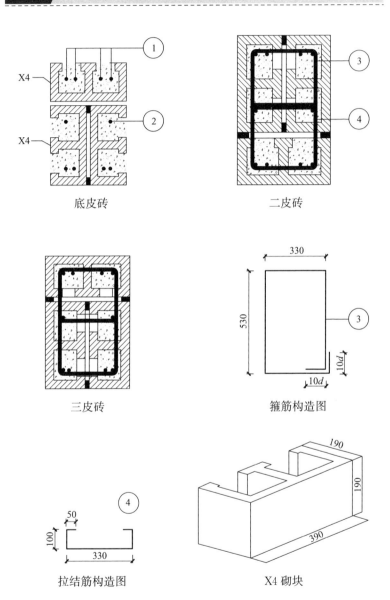

底皮砖

二皮砖

三皮砖

箍筋构造图

拉结筋构造图

X4 砌块

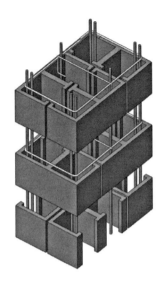

工艺说明

（1）本条用于 400mm×600mm 配筋砌块柱。

（2）各图分别是底皮砖、二皮砖、三皮砖的砌筑效果，上下皮对孔搭接，底皮布置清扫孔，为加强块间的连接，块缝间宜用无齿锯切成深约 50mm 的切口，以放置箍筋。灌孔混凝土的强度等级：Cb40、Cb35、Cb30、Cb25、Cb20。

（3）砌块柱的纵筋布置 10 根，纵筋直径不小于 $\phi12$，也不宜大于 $\phi22$。孔内两根纵筋搭接接头宜上下错开一个搭接长度；当纵筋的配筋率大于 0.25% 且柱承受的轴向力大于受压承载力设计值的 25% 时，柱应设置箍筋，箍筋间距为 200mm，拉结筋间距为 400mm，箍筋的直径不应小于 $\phi6$，也不宜大于 $\phi10$，箍筋每边尺寸分别为 330mm 和 530mm，箍筋或拉钩应封闭或绕纵筋水平弯折 90°，箍筋弯折段长度不小于 10d；拉结筋长度 330mm，弯折长度如图为 100mm 和 50mm。

030308 **600mm×600mm 配筋砌块柱**

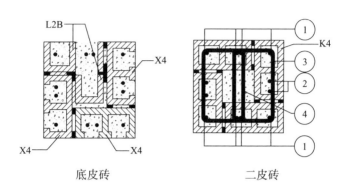

底皮砖   二皮砖

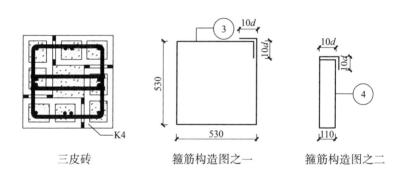

三皮砖   箍筋构造图之一   箍筋构造图之二

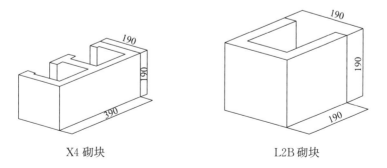

X4 砌块   L2B 砌块

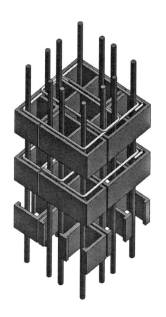

工艺说明

（1）本条用于600mm×600mm配筋砌块柱。

（2）各图分别是底皮砖、二皮砖、三皮砖的砌筑效果，上下皮对孔搭接，底皮布置清扫孔，为加强块间的连接，块缝间宜用无齿锯切成深约50mm的切口，以放置箍筋。灌孔混凝土的强度等级：Cb40、Cb35、Cb30、Cb25、Cb20。

（3）砌块柱的纵筋布置12根，纵筋直径不小于$\phi12$，也不宜大于$\phi22$。孔内两根纵筋搭接接头宜上下错开一个搭接长度。当纵筋的配筋率大于0.25%且柱承受的轴向力大于受压承载力设计值的25%，柱应设置箍筋，大箍筋间距为200mm，小箍筋间距为400mm，箍筋的直径不应小于$\phi6$，也不宜大于$\phi10$，大箍筋每边尺寸为530mm，小箍筋边长分别为530mm、110mm。箍筋或拉钩应封闭或绕纵筋水平弯折90°，弯折段长度不小于$10d$。

030309 400mm×400mm 配筋砌块扶壁柱

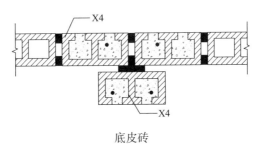

底皮砖

二皮砖

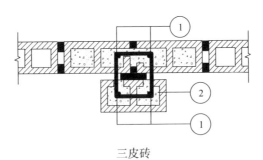

三皮砖

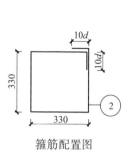

箍筋配置图

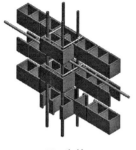

X4 砌块

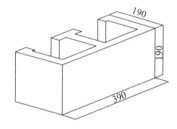

工艺说明

（1）本条用于 400mm×400mm 配筋砌块扶壁柱，扶壁柱排块应在建筑设计中统一考虑，满足墙柱部位对孔的搭接要求。

（2）各图分别是底皮砖、二皮砖、三皮砖的砌筑效果，上下皮对孔搭接，底皮布置清扫孔，为加强块间的连接，块缝间宜用无齿锯切成深约 50mm 的切口，以放置箍筋。灌孔混凝土的强度等级：Cb40、Cb35、Cb30、Cb25、Cb20。

（3）扶壁柱的纵筋不小于 $4\phi12$，也不宜大于 $4\phi22$。孔内两根纵筋搭接接头宜上下错开一个搭接长度。当纵筋的配筋率大于 0.25% 且柱承受的轴向力大于受压承载力设计值的 25%，柱应设置箍筋，箍筋间距为 200mm，箍筋的直径不应小于 $\phi6$，也不宜大于 $\phi10$，箍筋每边尺寸为 330mm，箍筋应封闭或绕纵筋水平弯折90°，弯折段长度不小于 $10d$。

030310 400mm×600mm 配筋砌块扶壁柱

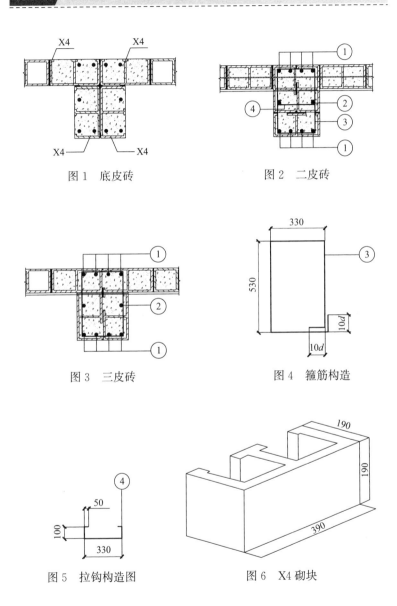

图 1 底皮砖

图 2 二皮砖

图 3 三皮砖

图 4 箍筋构造

图 5 拉钩构造图

图 6 X4 砌块

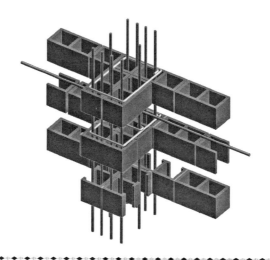

工艺说明

(1) 本条用于 400mm×600mm 配筋砌块扶壁柱，扶壁柱排块应在建筑设计中统一考虑，满足墙柱部位对孔搭接要求。

(2) 图 1～图 3 分别是底皮砖、二皮砖、三皮砖的砌筑效果，上下皮对孔搭接，底皮布置清扫孔。为加强块间的连接，块缝间宜用无齿锯切成深约 50mm 的切口，以放置箍筋。灌孔混凝土的强度等级：Cb40、Cb35、Cb30、Cb25、Cb20。

(3) 扶壁柱短边主筋每侧不小于 2ϕ12，不大于 2ϕ22，长边每侧中部不小于 1ϕ12，不大于 1ϕ22。孔内两根纵筋搭接接头宜上下错开一个搭接长度；当纵筋的配筋率大于 0.25% 且柱承受的轴向力大于受压承载力设计值的 25%，柱应设置箍筋，箍筋间距为 200mm，拉结筋间距为 400mm，箍筋的直径不应小于 ϕ6，也不宜大于 ϕ10，箍筋每边尺寸分别为 330mm 和 530mm，箍筋或拉钩应封闭或绕纵筋水平弯折 90°，箍筋弯折段长度不小于 10d；拉结筋长度 330mm，弯折长度如图 4 所示。

030311 600mm×600mm 配筋砌块扶壁柱

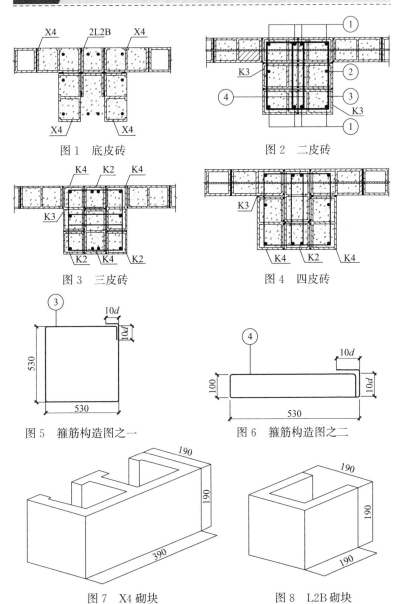

图 1　底皮砖

图 2　二皮砖

图 3　三皮砖

图 4　四皮砖

图 5　箍筋构造图之一

图 6　箍筋构造图之二

图 7　X4 砌块

图 8　L2B 砌块

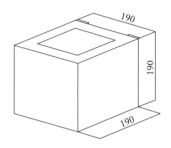

图9　K2砌块

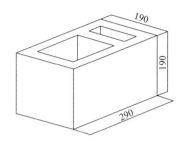

图10　K3砌块

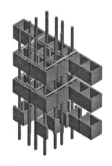

工艺说明

（1）本条用于 600mm×600mm 配筋砌块扶壁柱，排块除底皮外，为 2～4 循环。

（2）各图分别是底皮砖、二皮砖、三皮砖、四皮砖的砌筑效果，上下皮对孔搭接，底皮布置清扫孔，为加强块间连接，块缝间宜用无齿锯切成深约 50mm 的切口，以放置箍筋。灌孔混凝土的强度等级：Cb40、Cb35、Cb30、Cb25、Cb20。

（3）扶壁柱短边主筋每侧不小于 $2\phi12$，不大于 $2\phi22$，长边每侧中部不小于 $1\phi12$，不大于 $1\phi22$。孔内两根纵筋搭接接头宜上下错开一个搭接长度。当纵筋的配筋率大于 0.25% 且柱承受的轴向力大于受压承载力设计值的 25%，柱应设置箍筋，大箍筋间距为 200mm，小箍筋间距为 400mm，箍筋的直径不应小于 $\phi6$，也不宜大于 $\phi10$，大箍筋每边尺寸为 530mm，小箍筋每边长度 530mm、110mm，箍筋或拉钩应封闭或绕纵筋水平弯折 90°，箍筋弯折段长度不小于 $10d$。

030312 600mm×800mm 配筋砌块扶壁柱

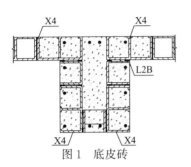

图 1 底皮砖

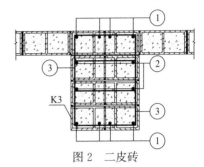

图 2 二皮砖

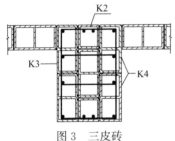

图 3 三皮砖

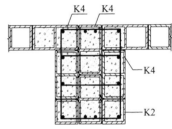

图 4 四皮砖

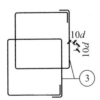

图 5 箍筋构造图

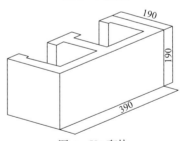

图 6 X4 砌块

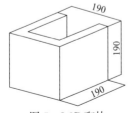

图 7 L2B 砌块

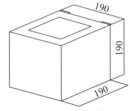

图 8 K2 砌块

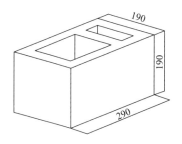

图 9　K3 砌块

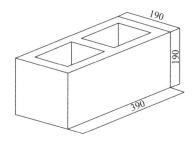

图 10　K4 砌块

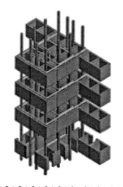

工艺说明

（1）本条用于 600mm×800mm 配筋砌块扶壁柱，排块除底皮外，为 2～4 循环。

（2）各图分别是底皮砖、二皮砖、三皮砖、四皮砖的砌筑效果，上下皮对孔搭接，底皮布置清扫孔，为加强块间连接，块缝间宜用无齿锯切成深约 50mm 的切口，以放置箍筋。灌孔混凝土的强度等级：Cb40、Cb35、Cb30、Cb25、Cb20。

（3）扶壁柱短边主筋每侧不小于 $2\phi12$，不大于 $2\phi22$，长边每侧中部不小于 $1\phi12$，不大于 $1\phi22$。孔内两根纵筋搭接接头宜上下错开一个搭接长度。当纵筋的配筋率大于 0.25% 且柱承受的轴向力大于受压承载力设计值的 25%，柱应设置箍筋，箍筋间距为 200mm，箍筋的直径不应小于 $\phi6$，也不宜大于 $\phi10$，大箍筋每边尺寸为 530mm，箍筋应封闭或绕纵筋水平弯折 90°，箍筋弯折段长度不小于 $10d$。

第四章　填充墙砌体

第一节 ● 砌体种类

蒸压加气混凝土砌块

蒸压加气混凝土砌块

蒸压加气混凝土砌块墙体

工艺说明

　　（1）用于填充墙的蒸压加气混凝土砌块的强度等级不应低于A2.5，用于外墙及潮湿环境的内墙时不应低于A3.5。

　　（2）砂浆强度等级不应低于Ma5.0；应采用专用砂浆砌筑；如采用普通砖砌砂浆强度等级不应低于Ms5.0，灰缝厚度宜为10～15mm。

　　（3）蒸压加气混凝土砌块的规格为：主砌块长度为600mm，辅砌块长度为400、300、200mm，宽度为250、200、150及100mm，高度为200、300mm。

　　（4）蒸压加气混凝土砌块的含水率宜小于30%，砌筑当天对砌块表面喷水湿润，相对含水率宜为40%～50%。切锯砌块应采用专用工具，不得用斧子或瓦刀任意砍劈，洞口两侧应采用规格整齐的砌块砌筑。

040102 高精度蒸压加气混凝土砌块

高精度蒸压加气混凝土砌块　　　　高精度蒸压加气混凝土砌块砌筑

工艺说明

（1）用于填充墙的蒸压加气混凝土砌块的强度等级不应低于 A2.5，用于外墙及潮湿环境的内墙时不应低于 A3.5。

（2）应采用蒸压加气混凝土专用砂浆（聚合物干粉砂浆）砌筑，砂浆强度等级不应低于 Ma5.0；灰缝厚度宜为 3～6mm。砌体与砂浆之间粘结强度 ≥ 0.2MPa，保水率≥99%（见《预拌砂浆》GB/T 25181—2019）。

（3）蒸压加气混凝土砌块的规格为：主砌块长度为600mm，辅砌块长度为 400、300、200mm，宽度为 250、200、150 及 100mm，高度为 200、300mm。

（4）蒸压加气混凝土砌块的含水率宜小于30%，砌筑当天对砌块表面喷水湿润，相对含水率宜为 40%～50%。切锯砌块应采用专用工具，不得用斧子或瓦刀任意砍劈，洞口两侧应采用规格整齐的砌块砌筑。

040103 轻骨料混凝土小型砌块

轻骨料混凝土小型砌块

轻骨料混凝土小型砌块砌体

工艺说明

（1）混凝土小型空心砌块强度等级不低于 MU3.5，用于外墙及潮湿环境的内墙时不应低于 MU5.0。

（2）混凝土小型空心砌块砌筑砂浆强度等级不应低于 Mb5.0，室内地坪以下及潮湿环境应采用水泥砂浆或专用砂浆，强度等级应不低于 Mb10，配筋灰缝厚度为 12～15mm。

（3）在厨房卫生间、浴室等处采用轻集料混凝土小型空心砌块砌筑墙体时，墙体底部宜现浇与填充墙同厚度的混凝土坎台，高度为 200mm。

（4）吸水率较大的轻骨料混凝土小型空心砌块采用普通砌筑砂浆砌筑时应提前 1～2d 浇（喷）水湿润，砌块的相对含水率宜为 40%～50%，间距为 300mm。

（5）小砌块密度小于等于 1200kg/m³，强度等级为 MU3.5、MU5.0。规格：长度为 390、190、90mm，宽度为 240、190、140、90mm，高度为 190mm。砌块高度的主规格尺寸为 190mm，辅助尺寸为 90mm，其公称尺寸为 200 和 100mm。

040104 烧结空心砖

砌块样品

烧结空心砖砌体

工艺说明

（1）烧结空心砖的强度等级不宜低于 MU7.5。

（2）在厨房卫生间、浴室等处采用烧结空心砖砌筑墙体时，墙体底部宜现浇与填充墙同厚度的混凝土坎台，高度为 200mm。

（3）烧结空心砖长度为 390、290、240、190mm，宽度为 240、190、140、90mm，高度为 120、90mm。

（4）砌筑砂浆强度等级不应低于 M5，室内地坪以下及潮湿环境应采用水泥砂浆或专用砂浆，强度等级不应低于M10。

040105 石膏砌块

石膏砌块样品

石膏砌块砌体

工艺说明

（1）按照结构类型分为实心砌块和空心砌块，其中轻质实心砌块要求表观密度小于 $750kg/m^3$。

（2）砌块墙体的砌筑材料应使用粘结石膏，填缝材料应使用泡沫交联聚乙烯，抹灰材料应使用粉刷石膏。

040106 陶粒泡沫混凝土砌块

A7.5级 A5.0级

陶粒泡沫混凝土砌块样品

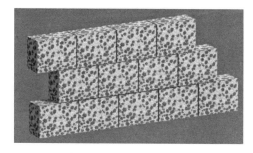

陶粒泡沫混凝土砌块砌体

工艺说明

(1) 陶粒泡沫混凝土强度等级分为 A3.5、A5.0 两种。通常规格为宽 180、190、200、240mm，高 390mm。

(2) 砌筑应采用专用砌筑砂浆，强度等级不应低于 M5.0。

(3) 非标准块采用台锯或手锯切割，禁止刀劈斧剁。

(4) 砌块排列应错缝搭接，搭接长度不应大于砌块长度的 1/3。

(5) 垂直及水平灰缝厚度控制在 10±2mm，缝面凹进砌块面约 3mm，以增强抹灰砂浆和墙面的咬合。

(6) 在砌块墙和框架柱间应留 10~15mm 缝隙，外墙顶和梁板之间应留 25mm 缝隙，缝隙用岩棉等轻质材料填实；内墙顶和梁板之间应留不大于 50mm 缝隙，用 PU 发泡剂或防腐木楔填实。

040107 蒸压灰砂多孔砖

蒸压灰砂多孔砖

蒸压灰砂多孔砖砌体

工艺说明

（1）蒸压灰砂多孔砖的强度等级不宜低于 MU7.5。

（2）在厨房卫生间、浴室等处采用蒸压灰砂多孔砖砌筑墙体时，墙体底部宜现浇与填充墙同厚度的混凝土坎台，高度为 200mm。

（3）蒸压灰砂多孔砖长度为 240、190mm，宽度为 190、115、90mm，高度为 90mm。

（4）砌筑砂浆强度等级不应低于 M5，室内地坪以下及潮湿环境应采用水泥砂浆或专用砂浆，强度等级不应低于 M10。

040108 蒸压粉煤灰多孔砖

蒸压粉煤灰多孔砖

蒸压粉煤灰多孔砖砌体

工艺说明

（1）蒸压粉煤灰多孔砖的强度等级 MU15、MU20、MU25。

（2）在厨房卫生间、浴室等处采用蒸压灰砂多孔砖砌筑墙体时，墙体底部宜现浇与填充墙同厚度的混凝土坎台，高度为 200mm。

（3）蒸压灰砂多孔砖长度 360、330、290、240、190、140mm，宽度 240、190、115、90mm，厚度 115、90mm。

（4）砌筑砂浆强度等级不应低于 M5，室内地坪以下及潮湿环境应采用水泥砂浆或专用砂浆，强度等级不应低于 M10。

040109 烧结煤矸石实心砖

烧结煤矸石实心砖

烧结煤矸石实心砖砌体

工艺说明

（1）烧结煤矸石实心砖的强度等级 MU10、MU15、MU20。

（2）在厨房卫生间、浴室等处采用烧结煤矸石实心砖砌筑墙体时，墙体底部宜现浇与填充墙同厚度的混凝土坎台，高度为 200mm。

（3）烧结煤矸石实心砖尺寸为 240mm × 115mm × 53mm。

（4）砌筑砂浆强度等级不应低于 M5，室内地坪以下及潮湿环境应采用水泥砂浆或专用砂浆，强度等级不应低于 M10。

040110 蒸压灰砂砖

蒸压灰砂砖

蒸压灰砂砖砌体

工艺说明

（1）蒸压灰砂砖的强度等级 MU10、MU15、MU20、MU25、MU30。

（2）在厨房卫生间、浴室等处采用蒸压灰砂砖砌筑墙体时，墙体底部宜现浇与填充墙同厚度的混凝土坎台，高度为200mm。

（3）蒸压灰砂砖尺寸为240mm×115mm×53mm。

（4）砌筑砂浆强度等级不应低于M5，室内地坪以下及潮湿环境应采用水泥砂浆或专用砂浆，强度等级不应低于M10。

040111 烧结煤矸石空心砌块

烧结煤矸石空心砌块

烧结煤矸石空心砌块墙体

工艺说明

（1）蒸压灰砂砖的强度等级 MU10、MU15、MU20、MU25、MU30。

（2）在厨房卫生间、浴室等处采用蒸压灰砂砖砌筑墙体时，墙体底部宜现浇与填充墙同厚度的混凝土坎台，高度为 200mm。

（3）蒸压灰砂砖尺寸为 240mm×115mm×53mm。

（4）砌筑砂浆强度等级不应低于 M5，室内地坪以下及潮湿环境应采用水泥砂浆或专用砂浆，强度等级不应低于 M10。

040112 非承重混凝土复合自保温砌块

非承重混凝土复合自保温砌块

非承重混凝土复合自保温砌块砌体

工艺说明

（1）非承重混凝土复合自保温砌块砌体的强度等级 MU5。

（2）自保温砌块内部填充聚苯板（EPS 板）的性能指标：导热系数 W/（m·K）≤0.045，吸水率（V/V）%≤5.0，燃烧性能不低于 B_2。

（3）非承重混凝土复合自保温砌块尺寸为 390mm×240mm×190mm。

（4）填充墙端部与框架柱宜采用柔性连接的方法。

第二节 ● 空心砖组砌、留槎及构造要求

040201 空心砖组砌（T形墙）

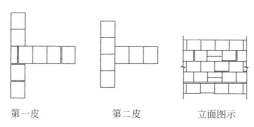

第一皮　　　　　第二皮　　　　　立面图示

T形墙组砌排块

T形墙组砌排块实例

工艺说明

（1）底部采用200mm的烧结实心砖或蒸压粉煤灰实心砖砌筑。

（2）采用全顺或全丁方式排布，端头处、构造柱边用烧结实心砖或配砖补砌。

（3）分层错缝搭砌，均按二皮一循环排列，上下搭接，个别条件下烧结空心砖的搭接长度不应小于90mm。

（4）水平灰缝和竖向灰缝宜为10mm，不应大于12mm，也不应小于8mm，竖缝应采用刮浆法。

040202 空心砖墙组砌（转角墙）

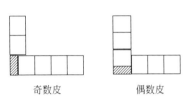

奇数皮　　　　偶数皮　　　　　　立面图示

空心砖墙组砌（转角墙）

转角墙组砌排块实例

工艺说明

　　（1）本节用于无抗震要求不设构造柱的 L 形墙节点组砌。

　　（2）应上下错缝，交接处应咬槎搭砌，搭砌长度不小于90mm。转角及交接处应同时砌筑，不得留直槎。留斜槎时，斜槎高度不宜大于1.2m。

040203 空心砖洞口构造1（墙体净长不大于两倍墙高且墙高不大于4000mm）

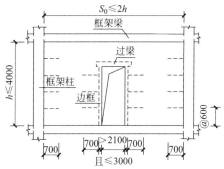

墙体净长不大于两倍墙高且墙高
不大于4000mm洞口构造

墙体净长不大于两倍墙高且墙高
不大于4000mm洞口实例

工艺说明

（1）本节用于非抗震设防，墙体净长不大于两倍墙高且墙高不大于4000mm洞口构造。

（2）在洞口上部设置过梁，过梁在墙体上搭接长度为250mm，门洞口两侧设置混凝土边框，墙拉结筋锚入混凝土边框及框架柱中。

（3）门洞两侧为混凝土边框，宽度60～100mm，顶部为过梁，过梁伸入砌体的长度不小于250mm。墙体底部设200mm高烧结实心砖或蒸压粉煤灰实心砖（卫生间等潮湿环境为混凝土坎台200mm高）。

（4）拉结筋的设置高度：烧结多孔砖、烧结空心砖砌体均为500mm。马牙槎设置：先退后进，每层高度不大于300mm。

040204 空心砖洞口构造 2（墙体净长大于两倍墙高且墙高不大于 4000mm）

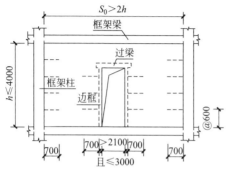

墙体净长大于两倍墙高且墙高
不大于 4000mm 洞口构造

墙体净长大于两倍墙高且墙高
不大于 4000mm 洞口实例

工艺说明

（1）本节用于非抗震设防，墙体净长大于两倍墙高且墙高不大于 4000mm 洞口构造。

（2）在洞口上部设置过梁，过梁在墙体上搭接长度为 250mm，门洞口一侧设置混凝土边框，另一侧设构造柱锚入框架梁。墙拉结筋锚入混凝土边框、构造柱及框架柱中，拉结筋长度为 700mm。

（3）门洞两侧的混凝土边框，宽度 60～100mm，顶部为过梁，过梁在砌体上支座长度不小于 250mm，墙体底部设 200mm 高烧结实心砖或蒸压粉煤灰实心砖（卫生间等潮湿环境为混凝土坎台 200mm 高）。

（4）拉结筋的设置高度：烧结多孔砖、烧结空心砖砌体均为 500mm。马牙槎设置：先退后进，每层高度不大于 300mm。

040205 空心砖洞口构造3（墙体净长大于等于两倍墙高且墙高大于4000mm）

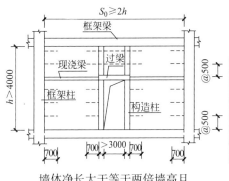

墙体净长大于等于两倍墙高且
墙高大于4000mm洞口构造

墙体净长大于等于两倍墙高且
墙高大于4000mm洞口实例

工艺说明

（1）本节用于非抗震设防，墙体净长大于等于两倍墙高且墙高大于4000mm洞口构造。

（2）在洞口上部设置过梁，过梁在墙体上搭接长度为250mm，门洞口两侧设置构造柱，构造柱锚入框架梁，墙拉结筋锚入混凝土构造柱及框架柱中。

（3）门洞顶部设置过梁，过梁在砌体上支座长度不小于250mm，墙体底部设200mm高烧结实心砖或蒸压粉煤灰实心砖（卫生间等潮湿环境为混凝土坎台200mm高）。

（4）拉结筋的设置高度：烧结多孔砖、烧结空心砖砌体均为500mm。马牙槎设置：先退后进，每层高度不大于300mm。

040206 空心砖洞口构造4（墙体净长小于两倍墙高且墙高大于4000mm）

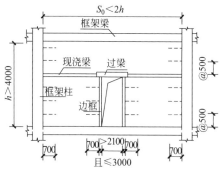

墙体净长小于两倍墙高且墙高
大于4000mm洞口构造

墙体净长小于两倍墙高且墙高
大于4000mm洞口实例

工艺说明

（1）本节用于非抗震设防，墙体净长小于两倍墙高且墙高大于4000mm洞口构造。

（2）在洞口上部设置过梁，过梁在墙体上搭接长度为250mm，门洞口两侧设置混凝土边框，墙拉结筋锚入混凝土边框及框架柱中。

（3）门洞两侧的混凝土边框，宽度60～100mm，顶部为过梁，过梁在砌体上支座长度不小于250mm，墙体底部设200mm高烧结实心砖或蒸压粉煤灰实心砖（卫生间等潮湿环境为混凝土坎台200mm高）。

（4）拉结筋的设置高度：烧结多孔砖、烧结空心砖砌体均为500mm。马牙槎设置：先退后进，每层高度不大于300mm。

第三节 ● 蒸压加气混凝土砌块组砌、留槎及构造要求

040301 蒸压加气混凝土砌块组砌（T形墙）

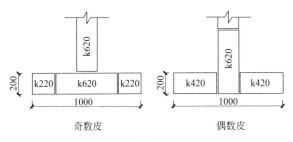

奇数皮　　　　　　　偶数皮

T形墙组砌

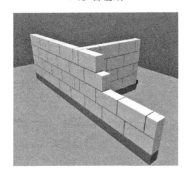

T形墙组砌实例

工艺说明

（1）本节以200mm厚墙体为例说明在转角处不设构造柱时组砌做法。范例组砌时采用 $600 \times 200 \times 200$、$400 \times 200 \times 200$、$200 \times 200 \times 200$（mm）规格砌筑，用于说明组砌原则。

（2）砌块应上下错缝，交接处应咬槎搭砌，搭接长度不小于砌块长度1/3，最小搭接长度应不小于100mm。

（3）在砌筑前按照设计图纸中墙体的长度、厚度、高度等，确定采用的砌块规格，按照模数提前排出组砌的式样。

040302 蒸压加气混凝土砌块组砌（十字墙）

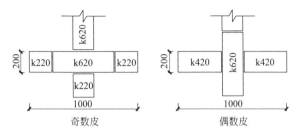

十字墙组砌做法

十字墙组砌做法实例

工艺说明

（1）本节以200mm厚墙体为例说明十字墙不设构造柱时组砌做法。范例组砌时采用600×200×200、400×200×200、200×200×200（mm）规格砌筑，用于说明组砌原则。

（2）砌块应上下错缝，交接处应咬槎搭砌，搭接长度不小于砌块长度1/3，最小搭接长度应不小于100mm。

（3）在砌筑前按照设计图纸中墙体的长度、厚度、高度等，确定采用的砌块规格，按照模数提前排出组砌的式样。

040303 蒸压加气混凝土砌块组砌（L形墙）

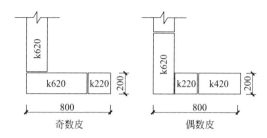

L形墙角部不设构造柱组砌构造

L形墙角部组砌实例

工艺说明

（1）本节以200mm厚墙体为例说明L形墙不设构造柱时节点组砌做法。范例组砌时采用600×200×200、400×200×200、200×200×200（mm）规格砌筑，用于说明组砌原则。

（2）砌块应上下错缝，交接处应咬槎搭砌，搭接长度不小于砌块长度1/3，最小搭接长度应不小于100mm。

（3）在砌筑前按照设计图纸中墙体的长度、厚度、高度等，确定采用的砌块规格，按照模数提前排出组砌的式样。

040304 蒸压加气混凝土砌块门洞处构造1

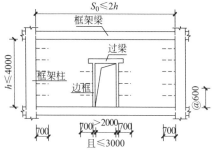

墙长不大于两倍墙高且墙高
不大于4000mm洞口构造

墙长不大于两倍墙高且墙高
不大于4000mm洞口实例

工艺说明

（1）本节用于加气混凝土砌块墙体在非抗震设防时，墙体净长不大于两倍墙高且墙高不大于4000mm洞口构造。

（2）在洞口上部设置过梁，过梁在墙体上搭接长度为250mm，门洞口两侧设构造柱锚入框架梁，墙拉结筋锚入混凝土边框、构造柱及框架柱中。

（3）门洞两侧的混凝土边框，宽度60～100mm（设计确定），顶部为过梁，过梁在砌体上支座长度不小于250mm，墙体底部设200mm高烧结实心砖或蒸压粉煤灰实心砖（卫生间等潮湿环境为混凝土坎台200mm高）。

（4）拉结筋的设置高度：按照砌体模数考虑设置，间距不应大于600mm。马牙槎设置：先退后进，每层高度不大于300mm。

040305 蒸压加气混凝土砌块门洞处构造 2

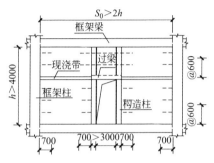

墙长大于两倍墙高且墙高
大于 4000mm 洞口构造

墙长大于两倍墙高且墙高
大于 4000mm 洞口实例

工艺说明

（1）本节用于加气混凝土砌块墙体在非抗震设防时，墙体净长大于两倍墙高且墙高大于 4000mm 洞口构造。

（2）在洞口上部设置过梁，过梁在墙体上搭接长度为 250mm，门洞口两侧设构造柱锚入框架梁，墙拉结筋锚入混凝土边框、构造柱及框架柱中。

（3）门洞两侧的混凝土构造柱，洞口顶部设过梁，过梁在砌体上支座长度不小于 250mm，墙体底部设 200mm 高烧结实心砖或蒸压粉煤灰实心砖（卫生间等潮湿环境为混凝土坎台 200mm 高）。

（4）拉结筋的设置高度：按照砌体模数考虑设置，间距不应大于 600mm。马牙槎设置：先退后进，每层高度不大于 300mm。

040306 蒸压加气混凝土砌块门洞处构造3

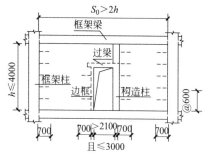

墙长大于两倍墙高且墙高
不大于4000mm洞口构造

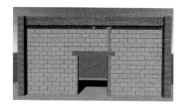

墙长大于两倍墙高且墙高
不大于4000mm洞口实例

工艺说明

（1）本节用于加气混凝土砌块墙体在非抗震设防时，墙体净长大于两倍墙高且墙高不大于4000mm洞口构造。

（2）在洞口上部设置过梁，过梁在墙体上搭接长度为250mm，门洞口一侧设置混凝土边框，另一侧设构造柱锚入框架梁，墙拉结筋锚入混凝土边框、构造柱及框架柱中。

（3）门洞侧的混凝土边框，宽度60～100mm（设计确定），顶部为过梁，过梁在砌体上支座长度不小于250mm，墙体底部设200mm高烧结实心砖或蒸压粉煤灰实心砖（卫生间等潮湿环境为混凝土坎台200mm高）。

（4）拉结筋的设置高度：按照砌体模数考虑设置，间距不应大于600mm。马牙槎设置：先退后进，每层高度不大于300mm。

040307 蒸压加气混凝土砌块门洞处构造4

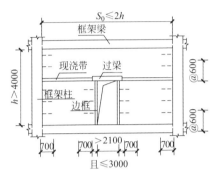

墙长不大于两倍墙高且墙高
大于4000mm洞口构造

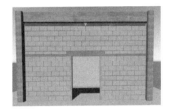

墙长不大于两倍墙高且墙高
大于4000mm洞口实例

工艺说明

（1）本节用于加气混凝土砌块墙体在非抗震设防时，墙体净长不大于两倍墙高且墙高大于4000mm洞口构造。

（2）在洞口上部设置过梁，过梁在墙体上搭接长度为250mm，门洞口两侧设置混凝土边框，墙拉结筋锚入混凝土边框及框架柱中。

（3）门洞侧的混凝土边框，宽度60～100mm（设计确定），顶部为过梁，过梁在砌体上支座长度不小于250mm，墙体底部设200mm高烧结实心砖或蒸压粉煤灰实心砖（卫生间等潮湿环境为混凝土坎台200mm高）。

（4）拉结筋的设置高度：按照砌体模数考虑设置，间距不应大于600mm。马牙槎设置：先退后进，每层高度不大于300mm。

第四节 ● 边框、连系梁、过梁、构造柱设置

040401 混凝土边框构造

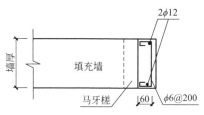

图 1 8、9 度抗震设防时
混凝土边框做法

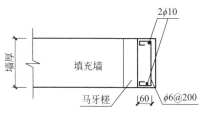

图 2 6、7 度抗震设防时
混凝土边框做法

图 3 混凝土边框示意

工艺说明

(1) 本节用于填充墙竖向混凝土边框的具体做法。

(2) 图 1 为 8、9 度抗震设防时混凝土边框做法，截面尺寸为墙厚×60mm（具体由设计确定），配筋为主筋 2ϕ12，箍筋为 ϕ6@200。

(3) 图 2 为非抗震及 6、7 度抗震设防时混凝土边框做法，截面尺寸为墙厚×60mm（具体由设计确定），配筋为主筋 2ϕ10，箍筋为 ϕ6@200。图 3 为混凝土边框示意。

040402 连系梁设置（9度以下设防）

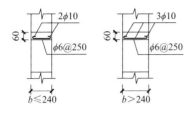

图 1　非抗震及 6 度抗震设防时

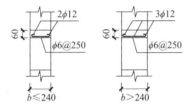

图 2　7、8 度抗震设防时

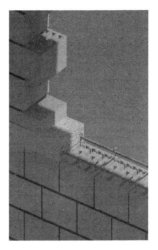

图 3　连系梁钢筋做法实例

工艺说明

（1）本节用于非抗震及 6 度抗震设防及 7、8 度抗震设防时的填充墙水平连系梁的具体做法。

（2）图 1 中水平连系梁的截面尺寸为墙厚×60mm（具体由设计确定），配筋为主筋 2φ10（当墙厚度大于 250mm 为 3φ10），箍筋为 φ6@250。

（3）图 2 中水平连系梁的截面尺寸为墙厚×60mm（具体由设计确定），配筋为主筋 2φ12（当墙厚度大于 250mm 为 3φ12），箍筋为 φ6@250。

（4）图 3 为以烧结多孔砖为例，6 度抗震设防时连系梁的实例，当连系梁与过梁连接时，连系梁的钢筋伸入过梁中 400mm。

040403 连系梁设置（9度设防）

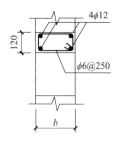

9度抗震设防时水平连系梁做法

9度抗震设防时水平连系梁实例

工艺说明

（1）本节用于填充墙9度抗震设防时水平连系梁的具体做法。

（2）水平连系梁的截面尺寸为墙厚×200mm（具体由设计确定），配筋为主筋4ϕ12，箍筋为ϕ6@200。

（3）马牙槎先退后进，退回尺寸为60mm，高度根据砌块的类型确定，不大于500mm。

（4）当连系梁与过梁连接时，连系梁的钢筋伸入过梁中400mm。

040404 一字墙构造柱做法

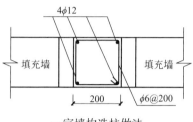

一字墙构造柱做法

一字墙构造柱实例

工艺说明

（1）本节用于填充墙构造柱的具体做法。

（2）构造柱截面尺寸为墙厚×200mm（具体由设计确定），配筋为主筋4ϕ12，箍筋为 ϕ6@200。

（3）马牙槎先退后进，退回尺寸为60mm，每个马牙槎高度根据砌块的类型确定，不大于300mm。

040405 丁字墙处构造柱钢筋做法

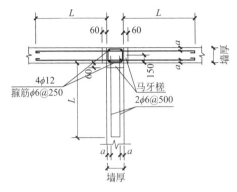

丁字墙处构造柱钢筋做法

丁字墙处构造柱钢筋做法实例

工艺说明

(1) 本节用于填充墙构造柱在丁字墙的具体做法。

(2) 本节构造柱适用于墙体厚度不大于 240mm 的填充墙。

(3) 构造柱截面尺寸按照设计。图中 L 为拉结筋长度，a 为拉结筋保护层厚度。

(4) 墙体拉结筋为示意，按照设计及相关标准执行。

040406 小型空心砌块填充墙芯柱构造

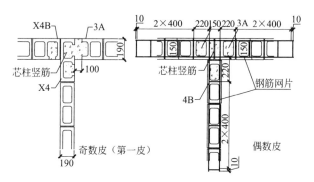

小型空心砌块填充墙芯柱构造做法

小型空心砌块填充墙芯柱构造做法实例

工艺说明

（1）本节用于采用小型空心砌块填充墙的芯柱做法。

（2）芯柱的设置按照设计要求留设，本节仅说明常规做法。

（3）水平网片参照配筋砌体相关内容。

040407 无洞口填充墙墙体构造柱、水平连系梁布置1

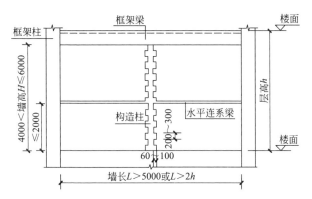

无洞口填充墙墙体构造柱、水平连系梁构造

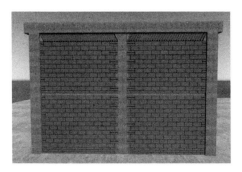

无洞口填充墙墙体构造柱、水平连系梁构造实例

工艺说明

(1) 本节用于无洞口填充墙,墙体4000mm<墙高 H≤6000mm且墙长 L>5000mm或墙长 L>2h 时,构造柱、现浇带布置。

(2) 在墙中部设构造柱,沿高度从楼面小于等于2000mm设置水平连系梁。

040408 填充墙无洞口墙体构造柱、水平连系梁布置2

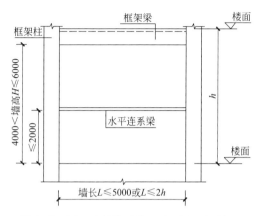

填充墙无洞口墙体构造柱、水平连系梁构造

填充墙无洞口墙体构造柱、水平连系梁构造实例

◆◆◆◆◆◆◆◆◆◆◆◆◆◆◆◆◆◆◆◆◆◆◆◆◆◆◆◆◆◆◆◆◆

工艺说明

（1）本节用于填充墙无洞口墙体，4000mm＜墙高 H≤ 6000mm，且墙长 L≤5000mm 或墙长 L≤2h 时，构造柱、现浇带的布置。

（2）在墙高不大于2000mm 高度设置水平连系梁，不设置构造柱。

040409 混凝土小型空心砌块拉结设置

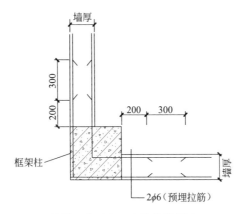

混凝土小型空心砌块拉结做法

混凝土小型空心砌块拉结做法示意

工艺说明

（1）本节用于小砌块填充墙与框架柱的拉结。

（2）拉结筋预埋在框架柱中，沿竖向400mm设置一道，一般情况下预埋2φ6，当墙的厚度大于240mm时，预埋3φ6。

（3）拉结钢筋伸入小砌块墙内的长度不宜小于500mm，并与砌块墙中的压筋搭接，搭接长度不小于300mm。

040410 转角处拉结筋设置（不设构造柱）

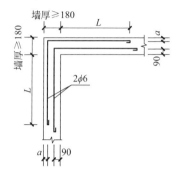

转角处拉结筋的设置

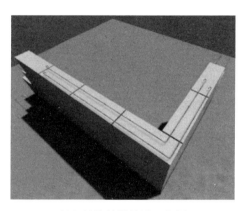

转角处拉结筋的设置实例

工艺说明

（1）本节用于转角处不设构造柱的墙体拉结筋的构造做法。

（2）图中以墙厚小于 240mm 厚墙体为例说明转角部位的拉结筋设置，其中 L 根据抗震等级要求取值，a 根据设计对保护层的要求，通常情况取 20mm。

040411 丁字墙拉结筋设置（不设构造柱）

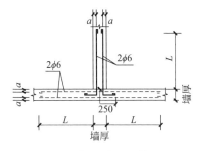

丁字墙拉结筋设置做法

丁字墙拉结筋设置实例

工艺说明

（1）用于丁字墙不设构造柱的墙体拉结筋的构造做法。

（2）图中以墙厚小于240mm厚墙体为例说明丁字墙拉结筋构造做法，其中 L 根据抗震等级要求取值，非抗震设防时不小于700mm，6、7度抗震设防时宜沿墙全长贯通（由设计确定），8、9度设防时应全长贯通，抗震设防时转角处不设置构造柱时，拉结筋应全长贯通。a 根据设计对保护层的要求，通常情况取20mm。

040412 十字墙拉结筋设置（不设构造柱）

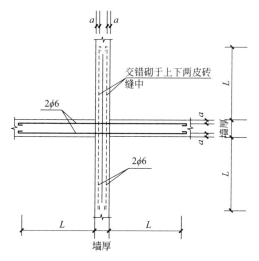

十字墙转角处拉结筋做法

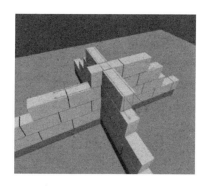

十字墙转角处拉结筋做法实例

工艺说明

（1）本节用于不设构造柱的十字墙拉结筋的构造做法。

（2）十字墙拉结筋构造做法，在拉结筋设置时，十字交叉点不应叠放设置，应交错砌于上下两皮砖缝中。

040413 框架梁（板）构造柱埋件设置

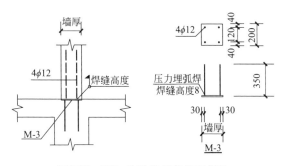

框架梁（板）构造柱埋件设置做法

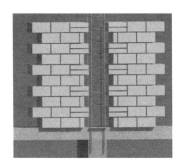

框架梁（板）构造柱埋件设置做法示意

工艺说明

（1）本节用于在框架梁（板）预埋埋件用以连接构造柱主筋的构造做法，用于梁板顶部、底部构造柱钢筋连接。

（2）构造柱主筋埋件采用8mm厚钢板，锚筋 ϕ12，锚入柱内350mm，锚筋与钢板采用压力埋弧焊，焊缝高度不小于8mm。

（3）构造柱主筋与埋件钢板进行焊接，焊缝高度不小于6mm。

040414 框架柱用于连接水平现浇混凝土连系梁埋件设置

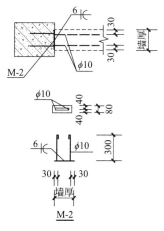

连系梁埋件设置

连系梁埋件做法示意

工艺说明

（1）本节用于在框架梁（板）预埋埋件用以连接构造柱主筋的构造做法，用于梁板顶部、底部构造柱钢筋连接。

（2）连系梁主筋埋件采用8mm厚钢板，锚筋φ12，锚入柱内350mm，锚筋与钢板采用压力埋弧焊，焊缝高度不小于8mm。

（3）连系梁主筋与埋件钢板进行焊接，焊缝高度不小于6mm。

040415 全包框架外墙拉结构造 1

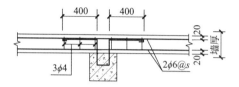

全包框架外墙拉结构造 1

全包框架外墙拉结构造 1 示意

工艺说明

（1）本节用于填充墙外包框架柱时，拉结筋在框架柱的锚固固定及连接。

（2）墙体中的拉结筋与预埋在框架柱中的拉结筋搭接，搭接长度为 400mm，设置 3ϕ4 分布筋。

（3）示意中以烧结空心砖为例，说明钢筋做法。

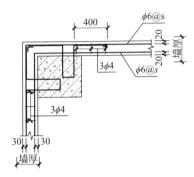

全包框架外墙拉结构造 2

全包框架外墙拉结构造 2 示意

工艺说明

（1）本节用于填充墙外包框架柱时，与框架角柱的拉结筋预埋、连接。

（2）墙体中的拉结筋与预埋在框架柱中的拉结筋搭接，搭接长度为 400mm，设置 3φ4 分布筋。

（3）示意中以烧结空心砖为例，说明钢筋做法。

040417 填充墙顶部构造（框架与填充墙不脱开构造）

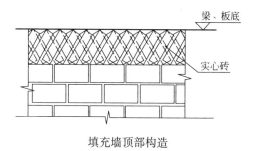

填充墙顶部构造

填充墙顶部构造实例

工艺说明

（1）本节用于框架梁板与填充墙顶部不脱开构造。

（2）小砌块填充墙墙顶与上部结构接触处宜采用一皮混凝土砖或斜砌砖顶紧。

（3）上部宜预留150～200mm，斜砌砖宜按照45°～60°角度砌筑，端部及中部宜设置混凝土预制三角块体。

040418 填充墙顶部构造（框架与填充墙不脱开构造）

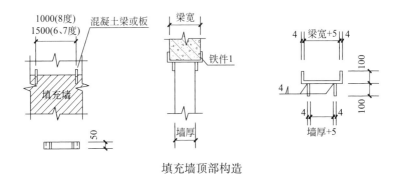

填充墙顶部构造

填充墙顶部构造示意

◆ **工艺说明**

（1）本节用于框架梁板与填充墙顶部不脱开构造。

（2）当6、7度抗震设防时，铁件间距为1500mm，当为8度抗震设防时，铁件间距为1000mm。

第五节 ● 填充墙柔性连接构造节点

040501 填充墙与梁连接

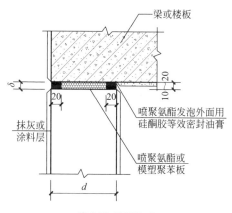

梁或楼板

喷聚氨酯发泡外面用
硅酮胶等效密封油膏

抹灰或
涂料层

喷聚氨酯或
模塑聚苯板

填充墙顶部构造

填充墙顶部做法

工艺说明

（1）本节用于框架梁板与填充墙顶部连接构造。

（2）梁、板与填充墙间隙为 10～20mm，采用模塑聚苯板，预留 20mm 空隙，喷聚氨酯发泡后表面用硅酮胶等效密封油膏封闭。

040502 填充墙与柱、墙连接

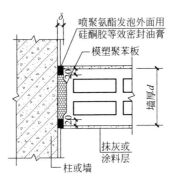

填充墙与墙、柱柔性连接构造

填充墙与墙、柱柔性连接构造实例

工艺说明

（1）本节用于柱、剪力墙与填充墙柔性连接构造。

（2）柱墙与填充墙间隙 δ 为 10～20mm，采用模塑聚苯板，预留 20mm 空隙，喷聚氨酯发泡后表面用硅酮胶等效密封油膏封闭。

040503 填充墙与门窗洞口做法

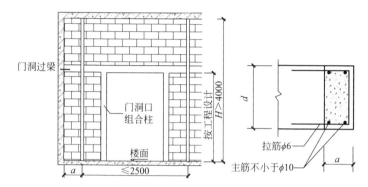

填充墙柔性连接时门洞口做法

填充墙柔性连接时门洞口做法实例

工艺说明

（1）本节以加气混凝土砌块为例说明填充墙门洞口做法。窗洞口参照门洞口做法。

（2）墙厚 $d \geqslant 120$mm，抗震设防 6 度以下时 $a \geqslant 50$mm，6 度以上时 $a \geqslant 100$mm。

（3）构造柱主筋不小于 $\phi 10$，拉结筋不小于 $\phi 6$。

040504 填充墙柔性连接组合柱、配筋带做法（8度设防区）

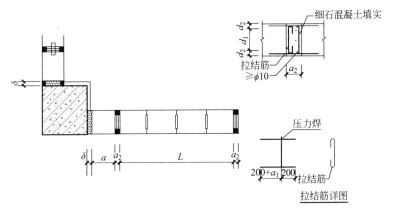

填充墙柔性连接时8度设防组合柱做法

工艺说明

（1）8度设防区及建筑场地类别Ⅲ、Ⅳ类及高档装修的框架（含剪力墙）结构，宜采用填充墙与框架完全脱开的构造方案。

（2）在距填充墙端部、门窗洞口每侧 $a \leqslant 600mm$ 处，以及间距约20倍墙厚，且长度 $L \leqslant 2500mm$ 的其他部位墙体中设置组合柱，并根据填充墙材料、建筑或结构功能要求，选取组合柱的类型，选用细石混凝土填实。

（3）墙厚 d 不宜小于120mm，保护层 d_2 不小于30mm，抗震设防6度以上时 a_2 不小于100mm。构造柱主筋不小于 $\phi 10$，a_1 为两根主筋的间距，拉结筋不小于 $\phi 6$。

040505 填充墙柔性连接组合柱、配筋带做法（7度及以下设防区）

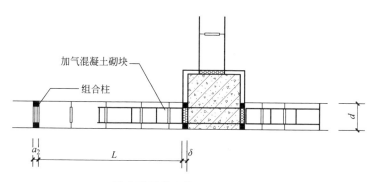

填充墙柔性连接时门洞口做法

工艺说明

（1）小于等于7度设防包括场地类别Ⅰ、Ⅱ类及中低档装修的框架（含框剪）结构，宜采用填充墙与框架不完全脱开的构造方案。

（2）在距填充墙端部、门窗洞口每侧小于等于600mm处及间距约为20倍墙厚，且长度≤2500mm的其他部位墙体中设置组合柱，并根据填充墙材料、建筑或结构功能要求，选取组合柱的类型及截面尺寸，选用细石混凝土填实。

（3）δ为砌体与框架柱、剪力墙的预留间隙。墙厚d不宜小于120mm，构造柱主筋不小于$\phi10$，拉结筋不小于$\phi6$。

第六节 • 施工构造做法、线盒、线管设置做法

040601 门洞口局部嵌砌

加气混凝土砌块墙门洞口嵌砌实例　　　　实心砖墙门洞口嵌砌实例

工艺说明

（1）本节用于填充墙中加气混凝土砌块、石膏砌块或烧结空心砖等砌体材料，因门、窗框安装的特殊需要，砌体材料无法满足要求时，可采用局部嵌砌其他材料如烧结实心砖、混凝土预制块体等。

（2）局部嵌砌材料强度应满足安装构配件的强度要求。

（3）局部嵌砌的位置应按照安装需要提前进行策划，嵌砌材料的品种、规格、尺寸应经安装单位确认。

（4）蒸压加气混凝土砌块、轻骨料混凝土小型空心砌块不应与其他块体混砌，不同强度等级的同类块体也不得混砌。

040602 填充墙构造柱顶部簸箕口模板支设方法

构造柱模板支设

成型后效果

工艺说明

（1）当填充墙采用顶部刚性连接时构造柱应与顶部梁板连接紧密。模板支设时应采用簸箕口的式样，确保混凝土浇筑的质量。

（2）浇筑中应采用振捣棒进行振捣密实，达到拆模条件后，将凸出部分剔凿平整干净。

040603 不能同时砌筑时的加强措施

不能同时砌筑时采取预留拉结筋的加强措施

工艺说明

（1）本节用于丁字墙或十字墙在无法同时砌筑时，应采取的加强措施。

（2）按规范要求留设阳槎及拉结筋，保证墙面的整体性、稳定性，防止抹灰层开裂。

040604 蒸压加气混凝土砌块构造柱处切角做法

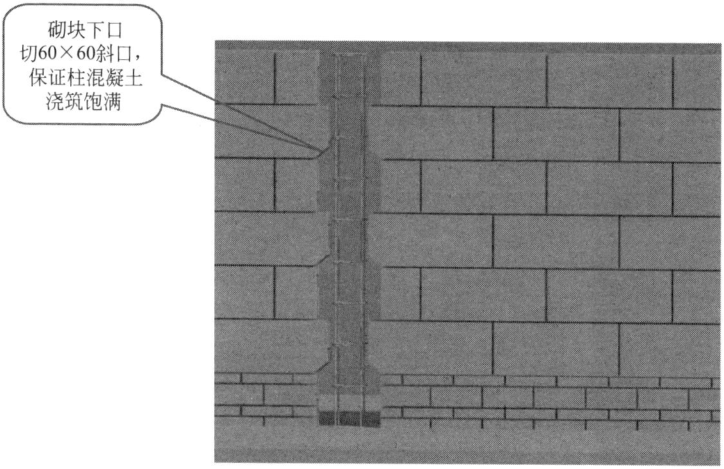

砌块下口切60×60斜口，保证柱混凝土浇筑饱满

蒸压加气混凝土砌块构造柱处切角做法

工艺说明

（1）本节用于蒸压加气混凝土砌块在构造柱处切角的做法。

（2）切角控制斜向45°，切除部分为60mm×60mm，以确保浇筑混凝土密实。

（3）切角做法是有效保证构造柱混凝土密实的有效措施，供参考使用。

040605 安装栏杆扶手等配砌做法

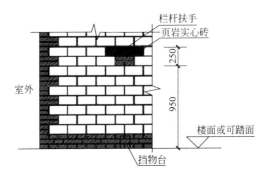

栏杆扶手等位置砌筑实心砖

栏杆扶手等位置砌筑实心砖实例

工艺说明

（1）本节用于填充墙中加气混凝土砌块或烧结空心砖等砌体材料时，因用作外墙时安装栏杆扶手的需要，砌体材料无法满足要求，采用局部嵌砌其他材料，烧结空心砖配砌烧结实心砖及混凝土预制块体，加气混凝土砌块配砌混凝土预制块体等。

（2）局部配砌材料强度应满足安装构配件的强度要求。

（3）配砌的位置应按照安装需要提前进行策划，配砌材料的品种、规格、尺寸应经安装单位确认。

040606 安装外窗框时配砌

外窗框安装时配砌实例

工艺说明

（1）本节用于填充墙外墙窗户及阳台外框安装时，设计采用加气混凝土砌块或烧结空心砖等砌体材料，砌体材料无法满足要求时，采用局部配砌其他材料，如烧结实心砖、混凝土预制块体等。

（2）局部配砌材料强度应满足安装构配件的强度要求。

（3）局部配砌的位置应按照安装需要提前进行策划，配砌材料的品种、规格、尺寸应经安装单位确认。

040607 管道安装立管支架等砌体配砌

设备支架安装时配砌实心砖

工艺说明

（1）本节用于填充墙中烧结空心砖等砌体材料，因管道立管支架安装的需要，而设计的砌体材料无法满足要求，可采用局部配砌其他材料如烧结实心砖、混凝土预制块体等。

（2）局部配砌材料强度应满足安装构配件的强度要求。

（3）局部配砌的位置应按照安装需要提前进行策划，嵌砌材料的品种、规格、尺寸应经安装单位确认。

040608 框架柱、剪力墙上拉结筋、连系梁、过梁钢筋植筋留置做法

剪力墙上拉结筋植筋打孔实例

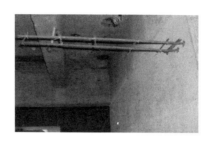

过梁植筋实例一

框架柱、剪力墙上
拉结筋植筋实例

过梁植筋实例二

工艺说明

（1）本节用于预留拉结筋、连系梁、过梁钢筋采用化学植筋的方式留置。

（2）采用化学植筋法，应进行实体检测，锚固钢筋拉拔试验的轴向受拉非破坏承载力检验值应符合相关要求。

（3）采用化学植筋法时，应避开剪力墙、框架梁、柱中钢筋的位置，并尽量保证钢筋位置准确。

040609 框架柱中构造柱主筋定位植筋留置做法

梁模上构造柱主筋定位及实体效果

构造柱主筋植筋实例

工艺说明

（1）本节用于构造柱主筋采用化学植筋的方式留置。

（2）可在梁板浇筑混凝土前对构造柱主筋位置采用油漆进行定位，避开框架梁钢筋的位置，以保证植筋位置准确。

（3）当采用化学植筋法时，应进行实体检测，锚固钢筋拉拔试验的轴向受拉非破坏承载力检验值应符合相关要求。

施工洞口过梁、拉结筋设置

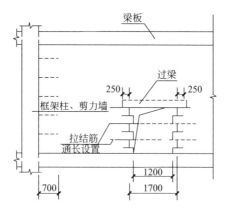

施工洞口过梁及拉结筋做法

施工洞口实例

工艺说明

（1）本节用于施工洞口墙体的构造做法，以1200mm洞口为例说明。

（2）施工洞口砌体应做成阳槎，顶部设置过梁，过梁按照洞口宽度选择过梁截面尺寸及配筋。

（3）洞口上过梁应以砌体阳槎凹进处最大尺寸设置，拉结筋应通长设置。

040611 填充墙（加气混凝土砌块）线管及接线盒安装构造

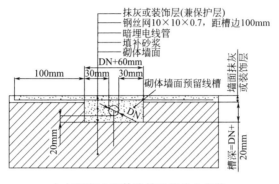

加气混凝土砌体线管及接线盒安装

成型实例

工艺说明

（1）本节用于在加气混凝土砌块墙体上安装线管、线盒的做法。

（2）线管采用专用设备切割开槽开孔，线管准确定位后用钉子、铁丝固定，表面敷设 10mm×10mm 钢丝网防裂。

040612 水平连系梁预留钢筋

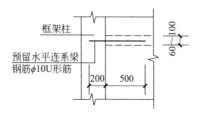

框架柱

预留水平连系梁
钢筋φ10U形筋

200　500

60　100

水平连系梁预留钢筋做法

工艺说明

　　（1）本节用于水平连系梁预留钢筋构造做法。

　　（2）根据设计或相关图集、抗震设防等级及位置选用连系梁的截面尺寸、配筋。

209

040613 过梁预留钢筋

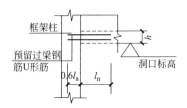

过梁预留钢筋构造做法

填充墙过梁表

净跨 l_n(mm)	梁高 h(mm)	主筋	分布筋
800	90	$2\phi8$	$\phi6@200$
1000	90	$2\phi8$	$\phi6@200$
1200	90	$2\phi8$	$\phi6@200$
1500	190	$2\phi8$	$\phi6@200$
1800	190	$2\phi8$	$\phi6@200$
2100	190	$2\phi10$	$\phi6@200$
2400	190	$2\phi12$	$\phi6@200$
2700	190	$2\phi12$	$\phi6@200$

注：梁长＝l_n＋500mm，梁宽＝墙厚。

工艺说明

（1）本节用于过梁预留钢筋构造做法。

（2）过梁配筋按照设计或上表要求执行。

040614 烧结空心砖砌体线管及接线盒安装构造

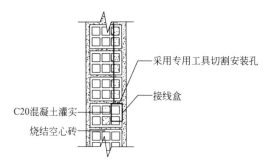

采用专用工具切割安装孔

接线盒

C20混凝土灌实

烧结空心砖

烧结空心砖砌体线管及接线盒安装

填塞材料采用
C20混凝土灌实

成型实例

工艺说明

（1）本节用于在烧结空心砖砌块墙体上安装线管、线盒的做法。

（2）上图是线管采用专用设备切割开槽开孔，安装固定线管后采用钉子、铁丝固定线管后，采用 C20 以上的细石混凝土填塞，表面固定 10mm×10mm 钢丝网防裂。

（3）不得设水平穿行暗管或预留水平沟槽，管道如穿过墙垛、壁柱时，应采用带孔的混凝土块砌筑。

040615 混凝土小型空心砌块线管、接线盒安装

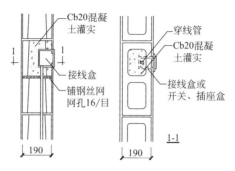

混凝土小型空心砌块线管、接线盒安装

成型实例

工艺说明

（1）本节用于混凝土小型空心砌块填充墙预埋线管、接线盒构造做法。

（2）墙体上的洞口及管线槽应在砌筑前进行策划，砌筑时预留，不得在完成的混凝土小型砌块墙体上切割剔凿。

（3）砌块应采用无齿锯切割整齐，线槽采用C20细石混凝土灌实。

（4）墙体上严禁横向开槽。

第五章　石砌体工程

第一节 ● 砌筑材料

050101 毛石

毛石

工艺说明

（1）毛石应质地坚实、无风化剥落和裂纹，应呈块状，其中间厚度不宜小于200mm，毛石高、宽宜为200～300mm，长度宜为300～400mm。

（2）毛石强度等级为MU10、MU15、MU20、MU30、MU40、MU50、MU60、MU80、MU100。

050102 料石

料石

工艺说明

（1）料石的规格、品种、颜色、强度等级应符合设计要求。

（2）料石的宽度、厚度均不宜小于200mm，长度不宜大于厚度的4倍。

（3）料石加工的允许偏差：

料石种类	加工允许偏差	
	宽度、厚度（mm）	长度（mm）
细料石	±3	±5
粗料石	±5	±7
毛料石	±10	±15

（4）料石各面的加工要求：

料石种类	外露面及相接周边的表面凹入深度	叠砌面及接砌面的表面凹入深度
细料石	不大于2mm	不大于10mm
粗料石、毛料石	不大于20mm 稍加修整	不大于10mm 不大于25mm

注：相接周边的表面是指叠砌面、接砌面与外露面相接处20～30mm范围内的部分。

050103 **砂浆**

预拌砂浆

工艺说明

（1）砌筑时优先采用预拌砂浆，预拌砂浆分为湿拌砂浆和干混砂浆。

（2）湿拌的砌筑砂浆保水率≥88%；干混的砌筑砂浆保水率≥88%，凝结时间为3～12h，2h稠度损失率≤30%，抗冻性的强度损失率≤25%，抗冻性的质量损失率≤5%。

（3）预拌砂浆的抗压强度：

强度等级	M5	M7.5	M10	M15	M20	M25	M30
28d抗压强度	≥5.0	≥7.5	≥10.0	≥15.0	≥20.0	≥25.0	≥30.0

（4）干混砌筑砂浆的稠度应为75±5mm。

（5）湿拌砌筑砂浆出厂检验项目：稠度、保水率、保塑时间、抗压强度；干混砌筑砂浆出厂检验项目：保水率、2h稠度损失率、抗压强度。

第二节 ● 砌筑方法

050201 丁顺叠砌

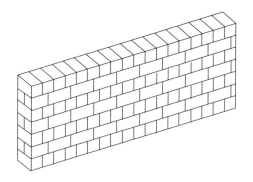

料石墙丁顺叠砌

工艺说明

（1）丁顺叠砌是一皮顺石与一皮丁石相隔砌筑。

（2）料石墙砌筑时，料石应放置平稳。砂浆必须饱满，砂浆铺设厚度应略高于规定灰缝厚度，其高出厚度：细料石、半细料石为 3～5mm，粗料石、毛料石宜为 6～8mm，叠砌面的粘灰面积应大于 80%。

（3）料石墙上下皮应错缝搭砌，上下皮竖缝相互错开 1/2 石宽、石长。

（4）料石砌体的水平灰缝应平直，竖向灰缝应宽度一致，其中细料石砌体灰缝厚度不宜大于 5mm，粗毛料石和毛料石砌体不宜大于 20mm。

（5）料石墙的第一皮及每个楼层的最上一皮应丁砌。

（6）有垫片料石砌体砌筑时，应先满铺砂浆，并在其四角安置主垫，砂浆应高出主垫 10mm，待上皮料石安装调平后，再沿灰缝两侧均匀塞入副垫。主垫不得采用双垫，副垫不得用锤击入。

（7）料石砌体的竖缝应在料石安装调平后，用同样强度等级的砂浆灌注密实，竖缝不得透空。

（8）石砌墙体在转角和内外墙交接处应同时砌筑。对不能同时砌筑而又必须留置的临时间断处，应砌成斜槎，斜槎的水平长度不应小于高度的 2/3；严禁砌成直槎。

（9）丁顺叠砌适用于墙厚等于石长或两块石宽。每日砌筑高度不超过 1.2m。

050202 二顺一丁

料石墙二顺一丁

工艺说明

(1) 二顺一丁是两皮顺石与一皮丁石相间。

(2) 料石墙砌筑时，料石应放置平稳。砂浆必须饱满，砂浆铺设厚度应略高于规定的灰缝厚度，其高出厚度：细料石、半细料石宜为 3～5mm，粗料石、毛料石宜为 6～8mm，叠砌面的粘灰面积应大于 80%。

(3) 料石墙上下皮应错缝搭砌，料石上下皮竖缝相互错开 1/2 石宽、石长。

(4) 料石砌体的水平灰缝应平直，竖向灰缝应宽度一致，其中细料石砌体灰缝厚度不宜大于 5mm，粗毛料石和毛料石砌体不宜大于 20mm。

(5) 料石墙的第一皮及每个楼层的最上一皮应丁砌。

(6) 有垫片料石砌体砌筑时，应先满铺砂浆，并在其四角安置主垫，砂浆应高出主垫 10mm，待上皮料石安装调平后，再沿灰缝两侧均匀塞入副垫。主垫不得采用双垫，副垫不得用锤击入。

(7) 料石砌体的竖缝应在料石安装调平后，用同样强度等级的砂浆灌注密实，竖缝不得透空。

(8) 石砌墙体在转角和内外墙交接处应同时砌筑。对不能同时砌筑而又必须留置的临时间断处，应砌成斜槎，斜槎的水平长度不应小于高度的 2/3；严禁砌成直槎。

(9) 二顺一丁适用于墙厚等于石长或两块石宽。

(10) 每日砌筑高度不超过 1.2m。

050203 丁顺组砌

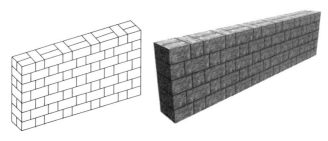

料石墙丁顺组砌

工艺说明

（1）丁顺组砌是同皮内顺石和丁石相间，可一块顺石与丁石相间或两块顺石与一块定石相间。

（2）料石墙砌筑时，应放置平稳；砂浆必须饱满，砂浆铺设厚度应略高于规定灰缝厚度，其高出厚度：细料石、半细料石宜为3～5mm，粗料石、毛料石宜为6～8mm。

（3）丁顺组砌是同皮内每1～3块顺石与1块丁石相隔砌成，丁石中距不大于2m，上皮丁石坐中于下皮顺石，上下皮竖缝相互错开至少1/2石宽。

（4）丁顺组砌适用墙厚为两块料石宽度。

（5）有垫片料石砌体砌筑时，应先满铺砂浆，并在其四角安置主垫，砂浆应高出主垫10mm，待上皮料石安装调平后，再沿灰缝两侧均匀塞入副垫。主垫不得采用双垫，副垫不得用锤击入。

（6）料石砌体的竖缝应在料石安装调平后，用同样强度等级的砂浆灌注密实，竖缝不得透空。

（7）石砌墙体在转角和内外墙交接处应同时砌筑。对不能同时砌筑而又必须留置的临时间断处，应砌成斜槎，斜槎的水平长度不应小于高度的2/3；严禁砌成直槎。

（8）每日砌筑高度不超过1.2m。

050204 全顺叠砌

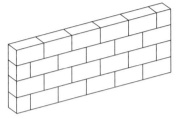

料石墙全顺叠砌

工艺说明

（1）全顺叠砌是每皮均为顺砌石。

（2）料石墙砌筑时，应放置平稳。砂浆必须饱满，砂浆铺设厚度应略高于规定灰缝厚度，其高出厚度：细料石、半细料石宜为 3～5mm，粗料石、毛料石宜为 6～8mm。

（3）有垫片料石砌体砌筑时，应先满铺砂浆，并在其四角安置主垫，砂浆应高出主垫 10mm，待上皮料石安装调平后，再沿灰缝两侧均匀塞入副垫。主垫不得采用双垫，副垫不得用锤击入。

（4）全顺上下皮错缝相互错开 1/2 石长。

（5）料石砌体的竖缝应在料石安装调平后，用同样强度等级的砂浆灌注密实，竖缝不得透空。

（6）石砌墙体在转角和内外墙交接处应同时砌筑。对不能同时砌筑而又必须留置的临时间断处，应砌成斜槎，斜槎的水平长度不应小于高度的 2/3；严禁砌成直槎。每日砌筑高度不超过 1.2m。

（7）全顺适用于墙厚等于石宽。

第三节 • 毛石及料石砌体构造节点

050301 梯形毛石基础构造节点

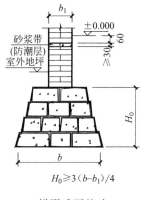

梯形毛石基础

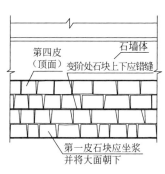

梯形毛石基础侧立面示意图

工艺说明

（1）梯形毛石基础高度 H_0 的规定：$H_0 \geqslant 3(b-b_1)/4$。

（2）砌筑过程中，上下石块要错缝砌筑，第一皮石块应坐浆并将大面朝下，每一皮石砌体中都应按规范标准设置拉接石，最后一皮拉接石的布置间距应适当减少。

050302 阶梯形毛石基础构造节点

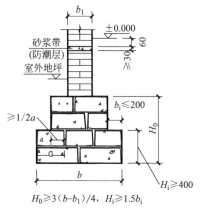

$H_0 \geqslant 3(b-b_1)/4$, $H_i \geqslant 1.5b_i$

阶梯形毛石基础

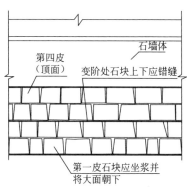

阶梯形毛石基础侧立面示意图

工艺说明

（1）阶梯形毛石基础每阶高度 H_0、H_i 的规定：（$H_0 \geqslant 3(b-b_1)/4$，$H_i \geqslant 1.5b_i$），变阶处台阶宽度 $b_i \leqslant 200$mm，阶梯形毛石基础的上级阶梯的石块应至少压砌下级阶梯的 1/2，相邻阶梯的毛石应相互错缝搭砌。

（2）砌筑过程中，变阶处石块上下要错缝，第一皮石块应坐浆并将大面朝下。

（3）阶梯形毛石基础的每阶伸出宽度不宜大于 200mm，每阶的高度不应小于 400mm，每一台阶不应少于 2～3 皮毛石。

050303 毛石基础构造节点

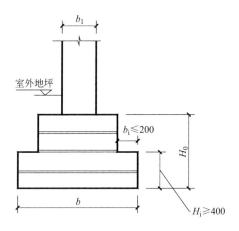

毛石基础两皮一阶

工艺说明

（1）毛石基础砌筑时应拉垂线及水平线。

（2）砌筑毛石基础的第一皮毛石时，应先在基坑底铺设砂浆，并将大面向下。

（3）毛石表面的水锈、浮土、杂质应在砌筑前清除干净，毛石表面的处理可避免毛石与砂浆之间的隔离，从而保证毛石基础的粘结质量。

050304 平毛石墙拉结石砌法

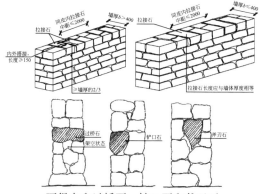

不得夹砌过桥石、铲口石和斧刃石

工艺说明

（1）平毛石墙砌筑时宜分皮卧砌，错缝搭接，灰缝厚度宜为20～30mm，搭接长度不得小于80mm，各皮石块间应利用自然形状敲打修整，使之与先砌石块基本吻合、搭砌紧密；应上下错缝，内外搭接，不得采用外面侧立石块中间填芯的砌筑方法；中间不得夹砌过桥石、铲口石和斧刃石。

（2）毛石砌体的灰缝应饱满密实，表面灰缝厚度不宜大于40mm，石块间不得有相互接触现象；石块间空隙较大时应先填塞砂浆，后用碎石块嵌实，不得采用先摆碎石后塞砂浆或干填碎石块的砌法。

（3）毛石砌体的第一皮及转角处、交接处和洞口处，应采用较大的平毛石砌筑。

（4）毛石砌体应设置拉结石，拉结石应均匀分布，相互错开，毛石基础同皮内宜每隔2m设置一块；毛石墙应每0.7m² 墙面至少设置一块，且同皮内的中距不应大于2m。

（5）拉接石的长度，当墙厚≤400mm，应与墙厚相等；当墙厚大于400mm时，可用两块拉接石内外搭接，搭接长度不小于150mm，且其中一块的长度不应小于墙厚的2/3。

050305 平毛石墙转角砌法（T形）

拉接石每皮错开搭接

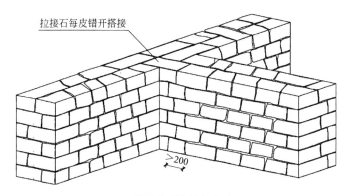

>200

T形平毛石墙转角砌法

工艺说明

（1）本节平毛石墙砌筑与050304配合使用。

（2）第一皮石块的长度应大于200mm。

050306 平毛石墙转角砌法（L形）

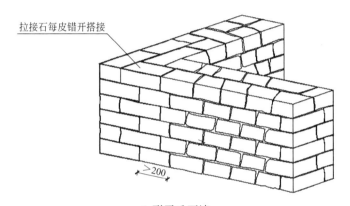

拉接石每皮错开搭接

>200

L形平毛石墙

工艺说明

（1）本节平毛石墙砌筑与050304配合使用。

（2）第一皮石块的长度应大于200mm。

050307 平毛石墙转角砌法（十字形）

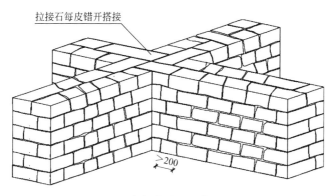

拉接石每皮错开搭接

>200

十字形平毛石墙

工艺说明

（1）本节平毛石墙砌筑与050304配合使用。

（2）第一皮石块的长度应大于200mm。

第四节 ● 挡土墙构造节点

050401 毛石挡土墙砌筑

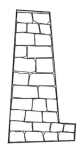

毛石挡土墙砌筑

工艺说明

（1）毛石中部最小厚度不宜小于200mm，强度等级不低于MU30；用M10级混合砂浆砌筑时，不低于MU40，砌体的自重必须达到23kN/m³，毛石混凝土的毛石掺入量按所使用的行业相关规范要求配比。

（2）每砌3～4皮宜为一个分层高度，每个分层高度应找平一次。

（3）外露面的灰缝厚度不得大于40mm，两个分层高度的错缝不得小于80mm。

（4）砌筑挡土墙时，应按设计要求架立坡度样板收坡或收台，并应设置伸缩缝和泄水孔。泄水孔宜采取抽管或埋管方法留置。

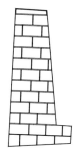 

料石挡土墙

工艺说明

（1）料石挡土墙宜采用同皮内丁顺相间的砌筑方式。当中间部分用毛石填筑时，丁砌料石伸入毛石部分的长度不应小于200mm。

（2）砌筑挡土墙时，应按设计要求架立坡度样板收坡或收台，并应设置伸缩缝和泄水孔。

（3）挡土墙墙顶用大于等于M7.5的水泥砂浆抹平，厚度20mm。对路肩墙还可用C15级混凝土帽石，帽石厚度为250～400mm，宽500～700mm，并设有帽檐。挡土墙外露面用M7.5的水泥砂浆勾缝。

050403 挡土墙伸缩缝设置

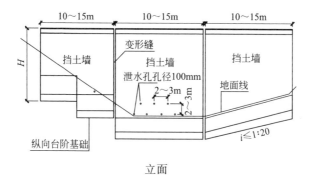

立面

挡土墙实例图

工艺说明

（1）变形缝间隔为 10～20m，重力式挡土墙间隔 10～15m 设置。当墙身高度不一、墙后荷载变化较大或地基条件较差时，应采用较小的变形缝间隔。另在地基岩性变化时、墙高突变处和其他建筑物连接处应设沉降缝。

（2）变形缝宽度为 20～30mm。缝内沿墙的内、外、顶三边填塞沥青麻丝或沥青木板，塞入深度不宜小于 150mm（冻土地区不小于 200mm）。

050404 挡土墙泄水孔（一）构造节点

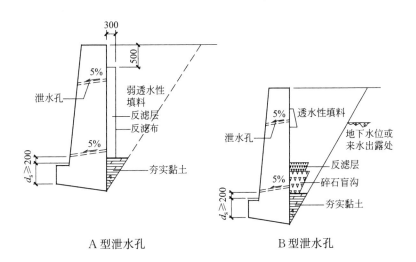

A 型泄水孔　　　　　　　B 型泄水孔

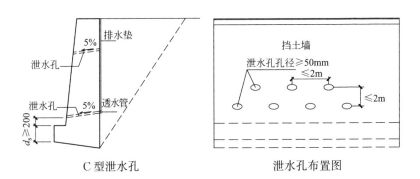

C 型泄水孔　　　　　　　泄水孔布置图

050405 挡土墙泄水孔（二）构造节点

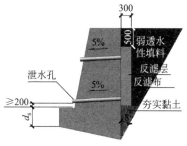

泄水孔

工艺说明

（1）根据地表水汇集、墙背填料透水性能及有无地下水等情况，选择A、B和C三种类型之一，或综合其特点后灵活选用。

（2）C型为成品排水垫反滤层做法，可根据需要选用。

（3）泄水孔孔径100mm左右，间距2～3m，按梅花形布置。泄水孔向外坡度为5%，最低一排泄水孔应高出地面不小于200m，泄水孔应保持直通无阻，衡重式挡土墙的上、下墙连接处应设泄水孔。

（4）当有地下水渗入填料时，应设置排水盲沟，将水体顺利排出墙外。

（5）反滤层竖向填筑成形困难时，可用编织袋或土工袋装砂砾石垒成，反滤层与墙体之间铺设≥300g/m反滤土工布。

050406 内侧回填土

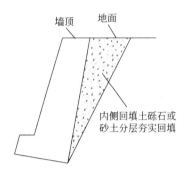

墙顶　地面

内侧回填土砾石或
砂土分层夯实回填

挡土墙内侧回填土

工艺说明

　　（1）挡土墙内侧回填土必须分层夯填密实，其密实度应符合设计要求。

　　（2）墙顶土面应有适当坡度，使流水流向挡土墙的外侧面。

　　（3）墙背填料根据附近土源，尽量选用抗剪强度高、透水性强的砾石或砂土。当选用黏性土作填料时，宜掺入适量的砂砾或碎石；不得选用膨胀土、淤泥质土、耕植土作填料。

第六章 隔墙板安装

第一节 ● 墙板种类

060101 轻钢龙骨复合条板隔墙板

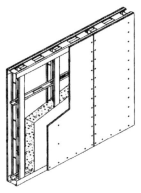

图1 轻钢龙骨复合条板
隔墙板构造图

图2 轻钢龙骨复合条板
隔墙板实体图

工艺说明

（1）轻钢骨架复合条板隔墙板（图1）以轻钢龙骨为骨架，以固定在轻钢龙骨上的纤维增强水泥平板、硅酸钙板为面板，中间现浇聚苯颗粒混凝土、泡沫混凝土或其他轻质材料制成的复合墙体。

（2）轻钢龙骨隔墙具有重量轻、强度较高、耐火性好、通用性强且安装简易的特性，有防震、防尘、隔声、吸声、恒温等功效，同时还具有工期短、施工简便、不易变形等优点。

060102 中空内模金属网水泥内隔墙

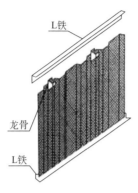

L铁

龙骨

L铁

金属网构造图

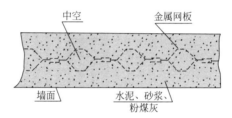

中空　　　　　　　金属网板

墙面　　水泥、砂浆、
　　　　粉煤灰

隔墙构造图

工艺说明

　　中空内模金属网水泥隔墙是一种以金属网片为内模，外附水泥砂浆的新型轻质墙体。其中的中空内模是由金属网片围成一排并列管状体组成，中空内膜材料是采用 0.8mm 冷轧钢卷，以冲床冲拉成网状，经滚轮机成型压制成波浪形网片，网孔尺寸为 21mm×9mm 或 16mm×8mm。网片由龙骨配件（ST-1、ST-2）上下固定，在其两侧喷涂压抹 1∶3 水泥砂浆后成型为中空内模金属网水泥隔墙，可做成直线形和弧线形墙体。

060103 轻集料混凝土条板、水泥条板、石膏条板

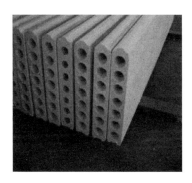

空心条板图

实心条板图

工艺说明

（1）轻集料混凝土隔墙板是一种轻质、高强度、隔声、隔热、防火的建筑材料。它是以水泥、石膏、矿渣粉、轻骨料等为原材料，加入适量的膨胀剂和其他添加剂，经过搅拌、浇筑、振实、养护等工艺制成的板状材料。

（2）石膏轻质隔墙板以建筑石膏为原料，加水搅拌，浇筑成型的轻质建筑石膏制品。生产中允许加入纤维、珍珠岩、水泥、河砂、粉煤灰、炉渣等，具有一定的机械强度。

060104 硅镁加气混凝土条板、粉煤灰泡沫水泥条板

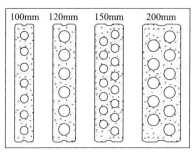 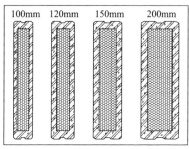

硅镁加气混凝土条板　　　　　　　粉煤灰泡沫水泥条板

工艺说明

（1）硅镁加气水泥条板内隔墙（B1型），简称硅镁条板（GM）、粉煤灰泡沫水泥条板内隔墙（B2型），简称泡沫水泥条板（ASA、BLP、FPB）内隔墙，轻质实心或空心条板，是采用轻烧镁粉、氯化镁或硫铝酸盐水泥为胶凝材料，掺加工业废料粉煤灰及适量的外加剂，PVA维尼纶短纤维、聚丙乙烯纤维或玻纤网格布为增强材料，采用发泡或复合等工艺，机制成型。

（2）产品规格：板长1~3000mm（可任意定制），板宽600mm，板厚100、120、150、200mm，耐火极限：100~120mm≥3h，150~200mm≥4h。

（3）产品特点：免抹灰、不开裂、防水、防潮、管线一体化。

060105 植物纤维复合条板

植物纤维复合条板

植物纤维复合条板安装

工艺说明

　　植物纤维水泥复合板是用植物纤维如农作物秸秆、果壳类、废渣类为原材料，以水泥为胶凝剂，加上特种添加剂制板生产线成型，是一种新型的生态、节能、抗灾害的建筑材料，可代替红砖、加气砌块、空心砌块用于墙体、屋面等部位，具有轻质高强、不燃、抗老化、环境无害、耐候、使用寿命长等优点。

060106 聚苯颗粒水泥夹心复合条板

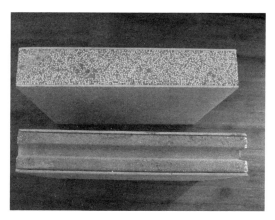

聚苯颗粒水泥夹心复合条板

工艺说明

（1）聚苯颗粒水泥夹心复合条板，是以薄型纤维水泥或硅酸钙板作为面板，中间填充轻质芯材一次复合形成的一种非承重轻质复合板材。

（2）该产品具有实心、轻质、薄体、强度高、抗冲击、吊挂力强、隔热、隔声、防火、防水、易切割、可任意开槽，无需批挡、干作业、环保等其他墙体材料无法比拟的综合优势，达到节约能源的目的。

060107 纸蜂窝夹心复合条板

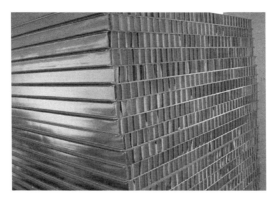

纸蜂窝夹心复合条板

工艺说明

　　用于复合材料夹层结构的夹心材料主要有：硬质泡沫、蜂窝和轻木三类。

　　（1）硬质泡沫主要有聚氯乙烯（PVC）、聚氨酯（PU）、聚醚酰亚胺（PEI）和丙烯腈-苯乙烯（SAN 或 AS）、聚甲基丙烯酰亚胺（PMI）、发泡聚酯（PET）等。

　　（2）蜂窝夹心材料有玻璃布蜂窝、NOMEX 蜂窝、棉布蜂窝、铝蜂窝等。蜂窝夹层结构的强度高，刚性好，但蜂窝为开孔结构，与上下面板的粘接面积小，但粘接效果一般没有泡沫好。

060108 蒸压加气混凝土条板

蒸压加气混凝土条板

工艺说明

（1）蒸压加气混凝土板是一种以水泥、石灰、粉煤灰、石膏等为主要原料，根据结构要求配置和添加经防腐处理的钢筋网片复合而成的轻质多孔型绿色环保建筑材料。

（2）具有多孔状结晶的蒸压加气混凝土板，其密度较一般水泥质材料小，且具有良好的耐火、防火、隔声、隔热、保温等性能。

第二节 ● 条板隔墙板的通用节点

060201 条板与墙柱连接节点

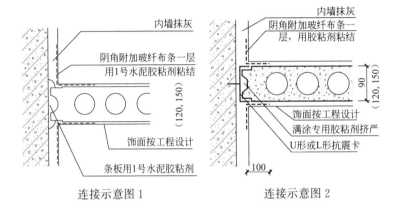

内墙抹灰

阴角附加玻纤布条一层
用1号水泥胶粘剂粘结

〈120，150〉

饰面按工程设计

条板用1号水泥胶粘剂

连接示意图1

内墙抹灰

阴角附加玻纤布条一层，用胶粘剂粘结

90
〈120，150〉

饰面按工程设计

满涂专用胶粘剂挤严

U形或L形抗震卡

100

连接示意图2

工艺说明

　（1）施工前清理连接墙面及条板侧面，满涂水泥胶粘剂，并将条板与墙柱顶紧。

　（2）有抗震要求时，条板与墙柱的接缝处，应加设U形抗震镀锌钢板卡。在墙柱位置宜每隔600～800mm设置1块，钢板卡厚度为2～3mm，通过射钉或膨胀螺栓与墙柱固定。

　（3）条板与墙柱连接适用于各类轻质隔墙条板。

060202 条板与梁板连接节点

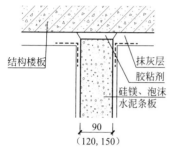

条板与板底连接节点 1

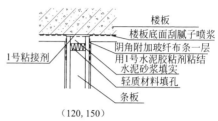

条板与板底连接节点 2

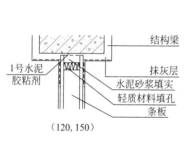

条板与梁底连接节点 1

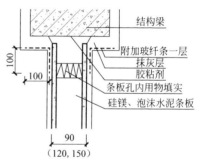

条板与梁底连接节点 2

工艺说明

在安装隔墙板时，一定要注意使条板对准预先在顶板和地板上弹好的定位线，在安装过程中随时用 2m 靠尺及塞尺测量墙面的平整度，用 2m 托线板检查板的垂直度。粘结完毕的墙体，应立即用 C20 干硬性混凝土将板下口堵严，当混凝土达到 10MPa 以上，撤去板下木楔，并用同等强度的干硬性砂浆灌实。

060203 条板与楼地面连接节点

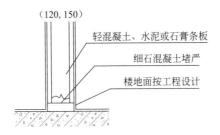

（120，150）
轻混凝土、水泥或石膏条板
细石混凝土堵严
楼地面按工程设计

条板与楼地面连接节点

工艺说明

（1）对施工作业面进行清理，以便施工能顺利进行，施工后的作业区也应及时清理干净。

（2）首先应按排板图在地面及顶棚板面上弹安装位置墨线，条板应从主体墙、柱的一端向另一端顺序安装；有门洞口时，宜从门洞口的两侧安装。

（3）条板下端距地面的预留安装间隙宜保持在 30～60mm，可根据需要调整；在条板隔墙与楼地面空隙处，采用细石混凝土填实，条板底面与混凝土楼板的接缝厚度控制在 5～10mm。

060204 条板与门窗框连接节点

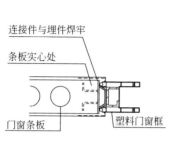

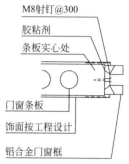

条板与塑钢门窗连接节点　　条板与铝合金门窗连接节点

工艺说明

（1）采用空心条板作门、窗框板时，距板边120～150mm不得有空心孔洞；可将空心条板的第一孔用细石混凝土灌实。

（2）应根据门窗洞口大小确定固定位置和数量，每侧的固定点应不少于3处。

（3）门框两侧采用门框条板（带钢埋件），墙体安装完毕后将门框立入预留洞内并焊接即可，木门框需要在连接处用木螺钉拧上3mm×40mm扁铁，然后与条板埋件焊接。门框与墙板间隙用胶粘剂、腻子塞实、刮平。

060205 条板预埋件、吊挂件连接节点

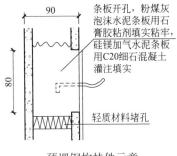

条板开孔，粉煤灰泡沫水泥条板用石膏胶粘剂填实粘牢，硅镁加气水泥条板用C20细石混凝土灌注填实

轻质材料堵孔

预埋钢构挂件示意

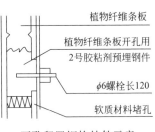

植物纤维条板

植物纤维条板开孔用2号胶粘剂预埋钢件

$\phi6$螺栓长120

软质材料堵孔

开孔留置钢构挂件示意

（125、150、90、100、120）

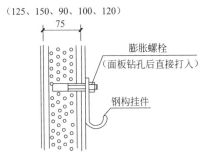

膨胀螺栓
（面板钻孔后直接打入）

钢构挂件

膨胀螺栓钢构挂件示意

工艺说明

　　预埋件和吊挂件的位置要在安装条板前进行策划，如果可以确定位置提前进行预埋件留置；对不能提前预留的，在现场采用机械开孔，对条板进行局部处理，采用长120mm的螺栓打入，采用胶结材料进行固定，每个吊挂点的挂重不大于8kg，也可采用电钻一次性钻孔，打入膨胀螺栓或穿墙螺栓，打孔要保证水平，避免倾斜或二次打孔。钢构挂件采用螺母与膨胀螺栓拧紧固定，钢构挂件刚度应满足要求。

060206 条板电气开关、插座安装节点

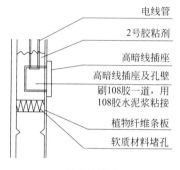

高暗线做法　　　　　　　低暗线做法

电线管
2号胶粘剂
高暗线插座
高暗线插座及孔壁
刷108胶一道，用
108胶水泥浆粘接
植物纤维条板
软质材料堵孔

2号胶粘剂
低暗线插座
低暗线插座及孔壁
刷108胶一道，用
108胶水泥浆粘接
植物纤维条板
软质材料堵孔
电线管

条板电气开关安装节点

条板插座安装节点

工艺说明

（1）管、盒及吊挂预埋件开孔部位用圆形聚苯泡沫条堵住板圆孔，扫净，刷稀释108胶水晾干。将线盒、吊挂预埋件用低碱水泥胶结料饱满裹好后嵌入安装，再用胶结料分两次压实修补。

（2）线管补槽待电工将线管等安装完成后，先用粘结剂将线管、线盒等处的缝隙填至离隔墙板面5～8mm处，一天后，再用粘结剂将线管槽填平。粘结剂不得高于板面，线槽四周洒落在板面上的粘结剂要及时清理干净。

第三节 ● 轻钢龙骨内隔墙

龙骨布置与搭接

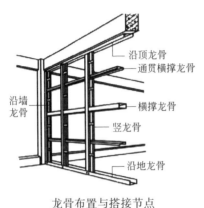

龙骨布置与搭接节点

龙骨布置与搭接节点实体图

工艺说明

（1）沿弹线位置固定沿顶和沿地龙骨，各自交接后的龙骨应保持平直。固定点间距应不大于1000mm，龙骨的端部必须固定牢固。边框龙骨与基体之间，应按设计要求安装密封条。

（2）当选用支撑卡系列龙骨时，应先将支撑卡安装在竖向龙骨的开口上，卡距为400～600mm，距龙骨两端20～25mm。

（3）选用通贯系列龙骨时，高度低于3m的隔墙安装一道；3～5m时安装两道；5m以上时安装三道。

面板接缝处理

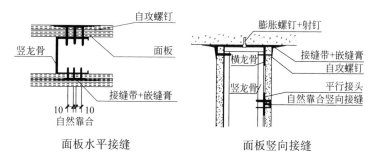

面板水平接缝   面板竖向接缝

工艺说明

　　（1）石膏板的接缝：石膏板应竖向铺设，长边接缝应落在竖向龙骨上。双面石膏罩面板安装，应与龙骨一侧的内外两层石膏板错缝排列，接缝不应落在同一根龙骨上，石膏板应采用自攻螺钉固定。周边螺钉的间距不应大于200mm，中间部分螺钉的间距不应大于300mm，螺钉与板边缘的距离应为10～16mm；石膏板的接缝一般为3～6mm，必须坡口与坡口相接。

　　（2）胶合板采用直钉或∏形钉固定，钉距为80～150mm。胶合板、纤维板用木压条固定时，钉距不应大于200mm，钉帽应打扁，并钉入木压条0.5～1mm，钉眼用油性腻子抹平。

060303 隔墙与主体结构连接

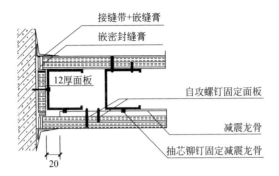

接缝带+嵌缝膏
嵌密封缝膏
12厚面板
自攻螺钉固定面板
减震龙骨
抽芯铆钉固定减震龙骨
20

隔墙与主体结构减震连接

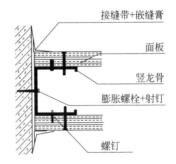

接缝带+嵌缝膏
面板
竖龙骨
膨胀螺栓+射钉
螺钉

隔墙与主体结构普通连接

工艺说明

　　间距用射钉或膨胀螺栓将沿地、沿顶和沿墙龙骨固定于主体结构上。射钉中距按 0.6～1.0m 布置，水平方向不大于 0.8m，垂直方向不大于 1.0m。射钉射入基体的最佳深度：混凝土基体为 22～32mm，墙砌基体为 30～50mm。龙骨接头要对齐顺直，接头两端 50～100mm 处均要设固定点。

060304 内隔墙与梁、板连接

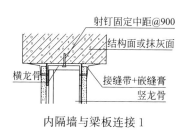

内隔墙与梁板连接1

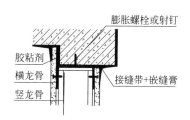

内隔墙与梁板连接2

工艺说明

（1）在沿顶、沿地龙骨之间插入竖龙骨（其长度应比天花板与地面的高度小10mm），竖龙骨中心间距为610mm（有特殊要求时应按设计要求布置）。竖龙骨应垂直，侧面应在同一平面上，不得扭曲错位。

（2）龙骨的边框与建筑结构的连接可采用膨胀螺栓或射钉固定，间距不宜大于800mn。为加强墙体刚度而采用通贯龙骨时，其间距不宜大于1500mm。竖龙骨与横龙骨连接采用直径为4mm、长度为8mm的抽芯铆钉，或用专用的龙骨钳固定。

060305 内隔墙与地面连接

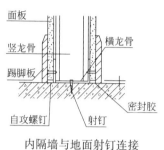

内隔墙与地面射钉连接　　　　内隔墙与地面预埋木砖连接

工艺说明

　　在沿顶、沿地龙骨之间插入竖龙骨（其长度应比天花板与地面的高度小 10mm），竖龙骨中心间距为 610mm（有特殊要求时应按设计要求布置）。竖龙骨应垂直，侧面应在同一平面上，不得扭曲错位。

060306 门框龙骨加强构造

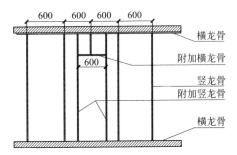

门框龙骨加强构造

工艺说明

（1）木门框与竖龙骨的连接采用木螺钉固定，竖龙骨的上、下两端与沿地、沿顶龙骨用抽芯铝铆钉固定，木门框的横梁与在其上部的横向沿地轻钢龙骨采用木螺钉固定。当门框宽度较大或门扇重量较大时，门框上部至沿顶龙骨之间应设置两根（或超过两根）的竖龙骨，同时上、下均加设 U 形龙骨斜撑。门框上部的石膏板接缝应切割小块，与门框旁石膏板错缝，其接缝设置在门框上部宽度范围内的竖龙骨上。

（2）门框边的竖龙骨采用两根扣合的竖龙骨加强，在木框横梁上部至沿顶龙骨之间设置单根竖龙骨。钢门框须预留门洞，其做法与木门框门洞相同，预留门洞的尺寸宜略大于钢门框 5mm。

060307 窗框龙骨加强构造

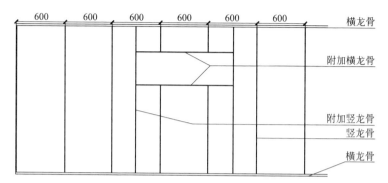

窗框龙骨加强构造

工艺说明

（1）窗框两侧要装加强龙骨（竖龙骨与沿顶沿地龙骨的复合）。装上加强龙骨后，龙骨中心间距 610mm 的原则保持不变。

（2）当窗宽度较大时，窗框四周的轻钢龙骨宜改用厚 3mm 的薄壁型钢予以加强，一般可采用 100mm×40mm× 3mm 或 100mm×50mm×20mm×3mm 等薄壁型钢。

060308 吊挂重物龙骨与挂件构造

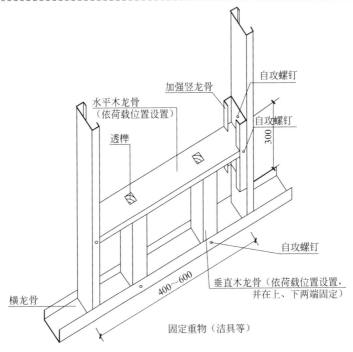

水平木龙骨
（依荷载位置设置）

加强竖龙骨

自攻螺钉

自攻螺钉

300

透榫

自攻螺钉

横龙骨

400~600

垂直木龙骨（依荷载位置设置，
并在上、下两端固定）

固定重物（洁具等）

吊挂重物龙骨与挂件构造

工艺说明

（1）如果需吊挂重物时（如吊柜、空调、水箱等），则必须加密龙骨的排布，或在龙骨内装上木夹板或薄钢板，以将负荷转移到龙骨架上，避免板材受破坏。

（2）轻钢龙骨石膏板隔墙面上吊挂件的安装，可在竖龙骨上或在石膏板墙面上任意部位安装轻量的吊挂件（如画框等）。在竖龙骨上增设小方木横撑，则在石膏板墙体上可承受中等重量的吊挂件（如碗柜及搁板等）。当安装暖气片、卫生器具等较重物件时，需预先用小角钢和钢板做成固定架，与竖龙骨固定连接。

060309 内穿暗装管线构造

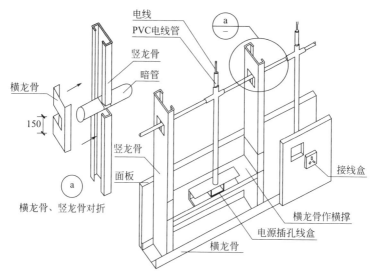

内穿暗装管线构造

工艺说明

　　龙骨安装完毕，应按水电设计要求安装暗管、暗线及配件等。应根据管口位置和尺寸在有关龙骨上预开孔，但开孔的直径不大于龙骨宽度的3/5。

060310 暗装管线、插座做法

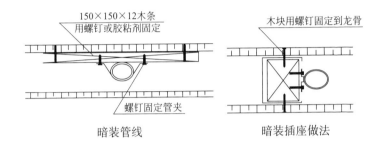

暗装管线　　　　　　　　　暗装插座做法

工艺说明

电线槽等直径不大于160mm的小型管道在架设时，可在石膏板表面切割，管道与石膏板之间应填充岩棉，洞口表面应留有5mm空隙，以建筑密封膏接缝，管线应在隔墙龙骨内穿管架设并有效固定，电源插孔线盒应固定于龙骨之上。

060311 玻璃、台面等与墙体固定做法

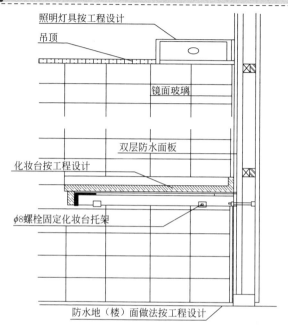

照明灯具按工程设计

吊顶

镜面玻璃

双层防水面板

化妆台按工程设计

φ8螺栓固定化妆台托架

防水地（楼）面做法按工程设计

台面与墙体固定做法

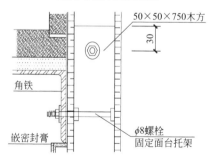

50×50×750木方

30

角铁

嵌密封膏

φ8螺栓
固定面台托架

台面托架连接固定

工艺说明

采用角钢支架，通过螺栓固定面台托架，螺栓要拧紧，角钢下部采用嵌缝胶对支架等进行保护。

060312 固定盆架与便槽、浅水池做法

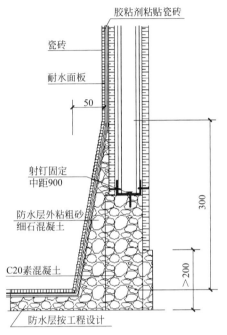

胶粘剂粘贴瓷砖

瓷砖

耐水面板

50

射钉固定
中距900

防水层外粘粗砂
细石混凝土

C20素混凝土

防水层按工程设计

300

> 200

便槽、浅水池固定

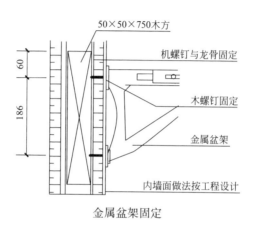

金属盆架固定

工艺说明

（1）注意提前做好设计，在安装部位预先埋设木方，以保证后期安装的牢固性。

（2）采用木螺钉固定，长度满足要求，间距均匀，保证位置的准确性。

060313 空调风管连接节点

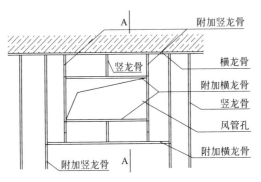

风管连接平面图

附加竖龙骨
横龙骨
竖龙骨
附加横龙骨
竖龙骨
风管孔
附加横龙骨
附加竖龙骨

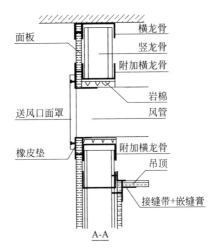

风管连接剖面图

面板
横龙骨
竖龙骨
附加横龙骨
岩棉
风管
送风口面罩
橡皮垫
附加横龙骨
吊顶
接缝带+嵌缝膏

A-A

工艺说明

　　直径大于160mm的大型管道在架设时，应在洞口周围附加竖龙骨加以固定。空调风管在架设时，管道应用弹性套管固定于轻钢龙骨上，洞口表面应留有5mm空隙，以建筑密封膏接缝，表面覆以耐火纸面石膏板。

第四节 ● 中空内模金属网水泥内隔墙

060401 金属网片搭接

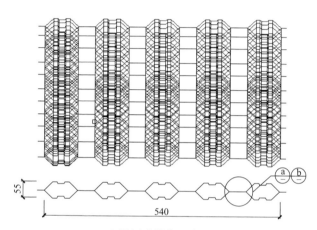

金属网片搭接示意图

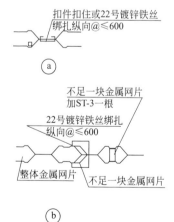

金属网片搭接节点

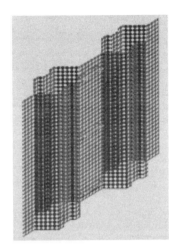

工艺说明

（1）网片安装前，先在操作平台上将两片网片拼装好，并用22号镀锌铁丝间隔不大于600mm拴一次，在每片网片内插入一根龙骨，其长度与网片一致，不得短于网片，与网片间隔不大于600mm用22号镀锌铁丝绑扎一次。

（2）金属网片顺序从墙、柱的一边依次进行安装。每片网片上下与横龙骨用22号镀锌铁丝绑扎。

（3）相邻两片金属网片通过专用工具以弹簧扣固定（或用22号镀锌铁丝绑扎），间距不大于600mm。每块网片中设竖向龙骨一根，不足一块的网片应放在墙体中部，并加设一根龙骨。

060402 内隔墙连接节点

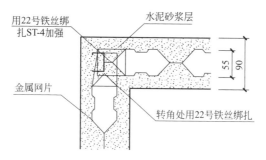

用22号铁丝绑扎ST-4加强

水泥砂浆层

金属网片

转角处用22号铁丝绑扎

55 90

L形连接

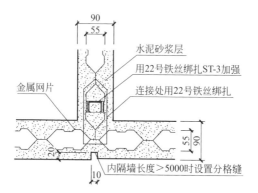

90
55

水泥砂浆层

用22号铁丝绑扎ST-3加强

金属网片

连接处用22号铁丝绑扎

20

55 90

内隔墙长度＞5000时设置分格缝

10

T形连接

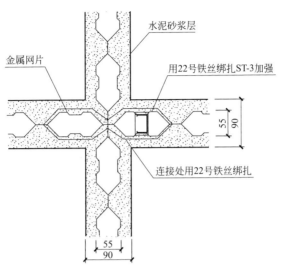

十字形连接

工艺说明

（1）L形连接：纵、横墙交接形成L形接头时，在某一片墙的压型钢板网端头，按照门窗两侧做法设拐角网并穿C形龙骨加强，与之连接的压型钢板网和拐角网用22号铁丝间距300mm绑扎连接，绑扎时铁丝必须穿透该钢板网凹槽相对形成的空腔一部分，并穿过拐角网裹住C形龙骨，确保绑扎连接牢固。

（2）T形连接：纵、横墙的交接形成T形接头时，交接的网板用22号铁丝间距300mm绑扎连接，绑扎时铁丝必须穿透某一钢板网凹槽相对形成的空腔一部分，确保绑扎连接牢固，并在墙体的三个端头与节点间隔一个空腔的距离各设置C形龙骨加强。

（3）十字形连接：做法与T形连接相似，其中一片网板为贯通，与之垂直交叉连接的网板在节点处用22号铁丝间距300mm绑扎连接，绑扎时铁丝穿过相交叉网板空腔，并在任意三个端头设置C形龙骨加强。

060403 内隔墙与主体连接节点

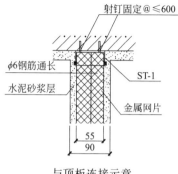

与顶板连接示意

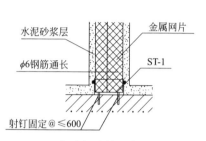

与底板连接示意

射钉固定@≤600
$\phi6$钢筋通长
水泥砂浆层
ST-1
金属网片
55
90

水泥砂浆层
金属网片
$\phi6$钢筋通长
ST-1
射钉固定@≤600

工艺说明

　　为防止梁柱与隔墙节点处出现裂缝，用网片进行补强，每侧搭接宽度大于等于200mm，网片与梁柱固定用$\phi6$射钉（或金属膨胀管），间距不大于600mm。此法也可以用于隔墙与隔墙十字及L形连接。

060404 内隔墙与楼、地面连接节点

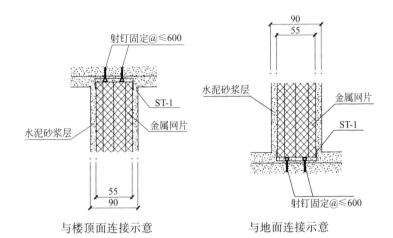

与楼顶面连接示意　　　　　　与地面连接示意

工艺说明

（1）按照放线，用射钉将横龙骨与顶楼板或地面固定，其射钉间距不大于600mm。

（2）用射钉将边龙骨与主墙或柱固定，边龙骨外侧边与隔墙中轴线重合，其射钉间距不大于600mm。安装L形边龙骨时，其朝向要一致。

060405 门洞、窗洞加强构造

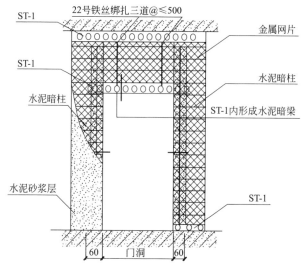

22号铁丝绑扎三道@≤500

ST-1

ST-1

水泥暗柱

水泥砂浆层

金属网片

水泥暗柱

ST-1内形成水泥暗梁

ST-1

60 门洞 60

门洞口构造示意

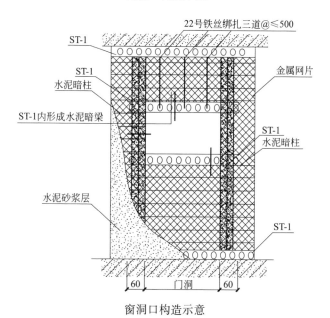

22号铁丝绑扎三道@≤500

ST-1

ST-1

水泥暗柱

ST-1内形成水泥暗梁

水泥砂浆层

金属网片

ST-1
水泥暗柱

ST-1

60 门洞 60

窗洞口构造示意

工艺说明

　　（1）门窗侧洞口安装增强龙骨，洞口顶安装横龙骨，其长度比洞口每边伸长30mm。用22号铁丝绑扎三道，间距不大于500mm。

　　（2）门窗顶和侧面均使用固定件，间距不大于500mm。固定件使用射钉与水泥砂浆形成的暗柱连接。

060406 内隔墙与木门窗框连接节点

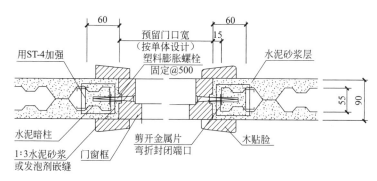

平面连接示意

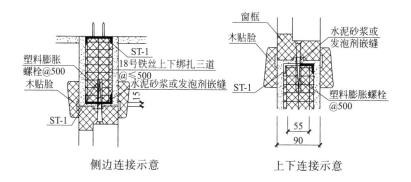

侧边连接示意　　　　上下连接示意

工艺说明

　　为保证门窗洞口在粉刷前形成有效的框架结构，必须对门头的过梁和拐角网的暗柱先行填充水泥砂浆，并确保填实，且24h后才可进行粉刷施工。为防止门洞上口开裂，在门洞上方及两边各增加一条15mm宽的收缩缝。

060407 内隔墙与铝合金、塑料门窗框连接节点

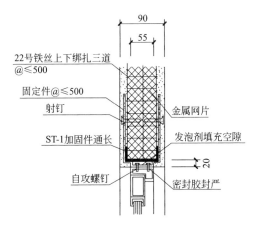

与铝合金门窗顶部连接

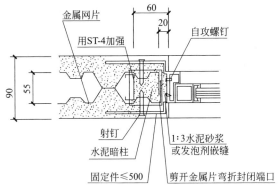

与铝合金门窗侧面连接

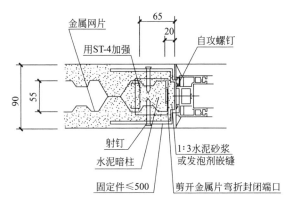

与塑料门窗侧面连接

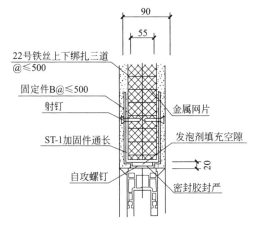

与塑料门窗顶部连接

工艺说明

（1）门窗两侧是采用特制的拐角网加Ｃ形龙骨作补强，且Ｃ形龙骨开口处是对应门窗口，填上水泥砂浆后形成一个网片、龙骨、水泥砂浆包裹在一起的暗柱，其强度接近钢筋混凝土柱，特制的拐角网可防止在打孔时裂开。

（2）固定件用钢板制作，厚度0.8mm，安装在墙体端部，与门窗框连接。

060408 内隔墙与铝合金玻璃隔断连接节点

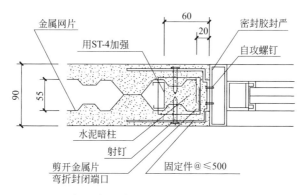

与铝合金玻璃隔断侧面连接节点

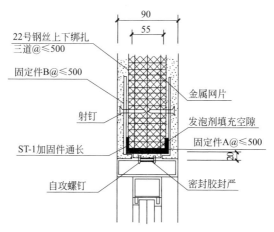

与铝合金玻璃隔断上部连接节点

工艺说明

　　铝合金框架与墙、地面固定可通过铁角件来完成。首先按隔墙位置线，在墙、地面上设置金属胀锚螺栓，同时在竖向、横向型材的相应位置固定铁角件，然后接好铁角件的框架固定在墙上或地上。

060409 设备吊挂连接节点

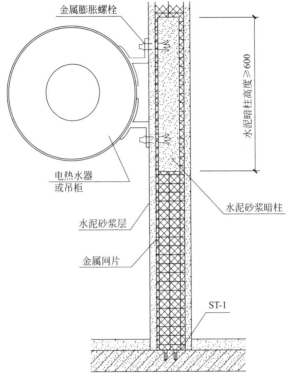

电热水器吊挂连接

工艺说明

单点吊挂物超过 80kg 时，需先在吊挂重物处的金属网片内模中填充细石混凝土，待达到一定强度后再安装膨胀螺栓吊挂物品，如无法填充细石混凝土时，应采用多点吊挂，且吊挂点尽量选在网片凹槽的位置。

060410 洁具安装节点

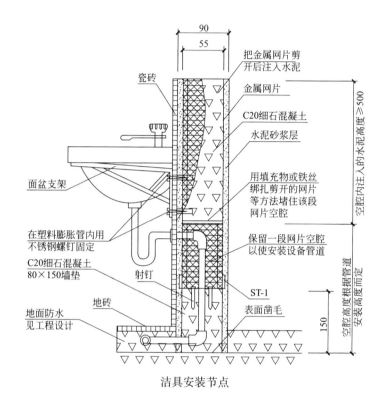

洁具安装节点

工艺说明

（1）洗脸盆由型钢制作的台面构件支托，安装洗脸盆前检测台面构架是否稳固，检查台面石材预留孔洞的大小是否合适。

（2）洗脸盆与台面接合处，用密封膏抹缝，沿口四周不得渗漏。

060411 内隔墙预埋管线

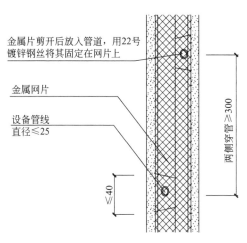

金属片剪开后放入管道，用22号镀锌钢丝将其固定在网片上

金属网片

设备管线
直径≤25

≤40

两侧穿管≥300

预埋管线示意图

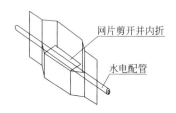

网片剪开并内折

水电配管

接线盒示意图

工艺说明

（1）网片组装完毕后进行水电配管，其立管应敷设在网片凹槽内，并用 22 号镀锌铁丝绑扎牢固，绑扎间距为 500mm。

（2）网片上下水平管线的布管长度不应大于 500mm，网片上开口应用剪刀或切割机裁剪后向内弯折，并加设宽为 100~150mm 的平网进行加固。水平布管时应单边布管，严禁将龙骨全部截断，龙骨截断面不应大于龙骨宽度的一半。当网片两边同时水平布管时，两根水平管的水平高差大于 300mm，其水平横管的直径不应大于 25mm。

（3）对于长度及宽度均大于 400mm 的预留孔洞，对网片应进行加固处理；对于小于 400mm 的预留孔洞，可先在网片上用油漆标出，待抹灰结束后裁剪，填肋抹灰预留孔洞处不抹灰。

（4）对穿墙孔洞处网片裁剪时，应当用剪刀将孔洞网片剪破成十字形，严禁将网片剪成洞口形状，当管道敷设后，将网片再围在管道上，并用绑扎丝绑扎牢靠。

（5）开关及插座、接线盒等管线可预埋在中空内模网片，用 22 号镀锌铁丝与中空内模网片绑扎牢固，并用水泥砂浆卧牢，不得有松动。

第五节 ● 轻集料混凝土条板、水泥条板、石膏条板内隔墙

060501 轻混凝土、水泥、石膏条板连接节点

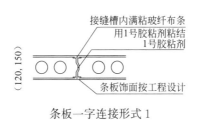

条板一字连接形式 1

条板一字连接形式 2

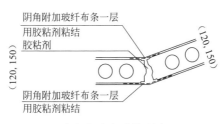

条板任意角连接形式

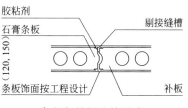

条板与补板连接形式

工艺说明

　　（1）条板粘接前要对表面进行处理，清除表面浮尘，保证条板粘接牢固。条板隔墙板与板之间的横向连接可采用榫接、平接、双凹槽对接等方式。

　　（2）板与板对接缝隙内填满、灌实粘结材料，企口接缝处可粘贴耐碱玻璃纤维网格布条或无纺布条防裂，亦可采用加设拉结筋加固及其他防裂措施。

　　（3）安装条板隔墙时，条板应按隔墙长度方向竖向排列，排板应采用标准板。当隔墙端部尺寸不足一块标准板宽时，可按尺寸要求切割补板，补板宽度应不小于200mm。

　　（4）在限高以内安装条板隔墙时，竖向接板不宜超过一次，相邻条板接缝位置应错开300mm以下，错缝范围可为300～500m。

　　（5）条板对接部位加连接件、定位钢卡，做好定位、加固、防裂处理。

060502 轻混凝土、水泥、石膏条板分户隔墙保温做法

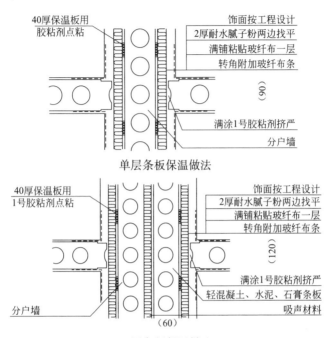

单层条板保温做法

双层条板保温做法

工艺说明

（1）应根据不同条板隔墙的技术性能，以及不同建筑使用功能和使用部位，选用单层条板隔墙或双层条板隔墙。

（2）双层条板隔墙选用条板的厚度不宜小于60mm，隔墙的两板间距宜设计为10～50mm，可作为空气层或填入吸声、保温材料等功能材料。

（3）对有保温要求的分户隔墙相关施工做法和选用指标应符合国家现行建筑节能标准《严寒和寒冷地区居住建筑节能设计标准》JGJ 26、《夏热冬暖地区居住建筑节能设计标准》JGJ 75和《夏热冬冷地区居住建筑节能设计标准》JGJ 134的规定。

第六节 • 硅镁加气水泥条板、粉煤灰泡沫水泥条板内隔墙

060601 硅镁、泡沫水泥条板预埋件、吊挂件连接节点

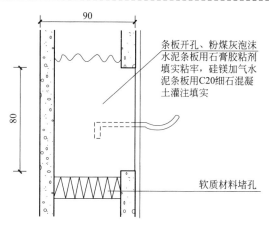

条板开孔、粉煤灰泡沫水泥条板用石膏胶粘剂填实粘牢，硅镁加气水泥条板用C20细石混凝土灌注填实

软质材料堵孔

暖气片挂钩

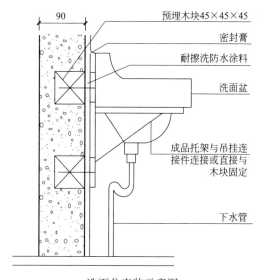

预埋木块45×45×45

密封膏

耐擦洗防水涂料

洗面盆

成品托架与吊挂连接件连接或直接与木块固定

下水管

洗面盆安装示意图

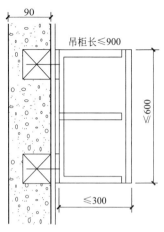

吊柜安装

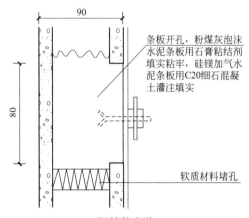

钢挂件安装

工艺说明

　　条板上吊挂重物时，需要在条板上安装预埋件或木砖。在条板上开孔，开孔尺寸为边长45mm的方形木砖或80mm×80mm×墙厚的木砖，将预埋件埋入，填入胶粘剂或细石混凝土固定牢固，条板下空心处用软质泡沫材料堵孔，防止混凝土等掉落。

060602 硅镁、泡沫水泥条板分户隔墙保温做法

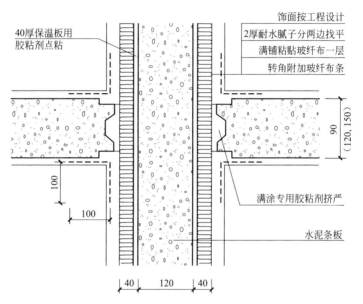

40厚保温板用
胶粘剂点粘

饰面按工程设计
2厚耐水腻子分两边找平
满铺粘贴玻纤布一层
转角附加玻纤布条

90
（120，150）

满涂专用胶粘剂挤严

水泥条板

100

100

40 120 40

硅镁、泡沫水泥条板分户隔墙保温做法

工艺说明

　　单层条板用作分户隔墙，厚度不得小于120mm，保温板采用胶粘剂进行点粘，两侧隔板要与隔墙顶紧，并安装牢固，上下均采用钢卡连接固定。

第七节 • 植物纤维复合条板内隔墙

060701 植物纤维条板连接节点

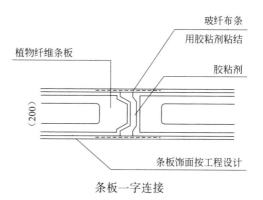

条板一字连接

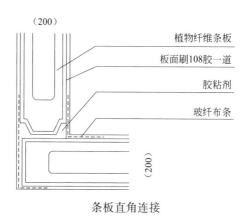

条板直角连接

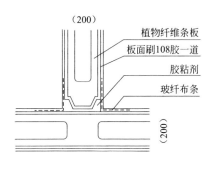

（200）

植物纤维条板
板面刷108胶一道
胶粘剂
玻纤布条

（200）

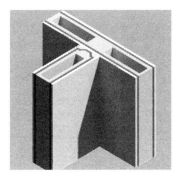

条板 T 形连接

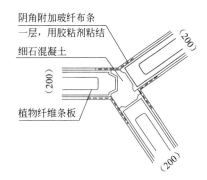

阴角附加玻纤布条
一层，用胶粘剂粘结
细石混凝土
（200）
（200）
植物纤维条板
（200）

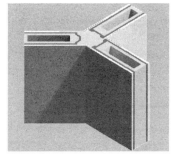

条板三叉形连接

工艺说明

　　条板连接采用四种方式，依据不同部位进行选择，施工前将条板、基层清理干净，光滑表面凿毛、刷净，凸出部位及灰渣剔除，局部低凹处用水泥砂浆或细石混凝土找平。板与板之间的对接缝隙内应填满、灌实粘结材料，板缝间隙应操挤严密，被挤出的粘结材料应刮平匀实。

060702 植物纤维条板与地面连接、踢脚线做法

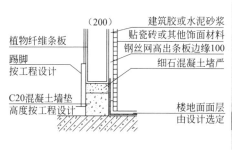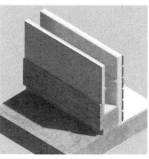

（200）　建筑胶或水泥砂浆
　　　　　贴瓷砖或其他饰面材料
植物纤维条板　钢丝网高出条板边缘100
踢脚　　　　细石混凝土堵严
按工程设计

C20混凝土墙垫　　楼地面面层
高度按工程设计　　由设计选定

条板与卫生间地面连接

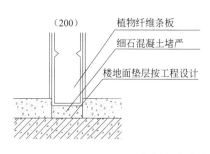

（200）　植物纤维条板

　　　细石混凝土堵严

楼地面垫层按工程设计

条板与室内地面连接

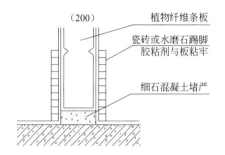
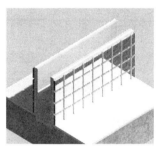

条板粘贴瓷砖或水磨石踢脚做法

工艺说明

　　条板隔墙下端与楼地面结合处宜留出安装空间，预留空隙在 40mm 及以下的宜填入 1∶3 水泥砂浆，40mm 以上的宜填入干硬性细石混凝土，撤除木楔的预留空隙应采用相同强度等级的砂浆或细石混凝土填塞、捣实。

060703 植物纤维条板墙上设备吊挂安装节点

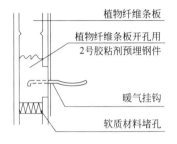

植物纤维条板

植物纤维条板开孔用
2号胶粘剂预埋钢件

暖气挂钩

软质材料堵孔

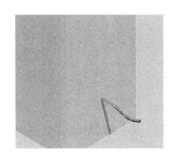

条板暖气片挂钩安装

300

600

吊柜与吊挂连
接件连接固定

条板吊柜与吊挂件连接

工艺说明

　　预埋件和吊挂件的位置要在安装条板前进行策划，如果可以确定位置应提前进行预埋件留置，对不能提前预留的，在现场采用机械开孔，对纤维板进行局部处理，采用长120mm的螺栓打入，采用胶结材料进行固定，每个吊挂点的挂重不大于8kg。

060704 植物纤维条板分户隔墙保温做法

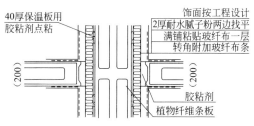

40厚保温板用
胶粘剂点粘

饰面按工程设计
2厚耐水腻子粉两边找平
满铺粘贴玻纤布一层
转角附加玻纤布条

胶粘剂
植物纤维条板

（200）　（200）

单层分户隔墙保温做法

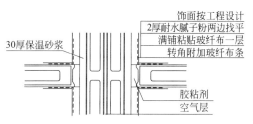

30厚保温砂浆

饰面按工程设计
2厚耐水腻子粉两边找平
满铺粘贴玻纤布一层
转角附加玻纤布条

胶粘剂
空气层

双层分户隔墙保温做法

工艺说明

（1）对于双层条板隔墙，两侧墙面的竖向接缝错开距离不应小于200mm，两板间应采取连接、加强固定措施。

（2）当双层条板隔墙设计为隔声隔墙或保温隔墙时，应在安装好一侧条板后，根据设计要求安装固定好墙内管线、留出空气层或铺装吸声或保温功能材料，验收合格后再安装另一侧条板。

第八节 • 聚苯颗粒水泥夹心复合条板内隔墙

060801 聚苯颗粒水泥条板连接节点

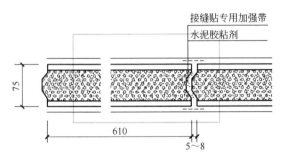

接缝贴专用加强带
水泥胶粘剂

75

610

5～8

条板一字连接节点

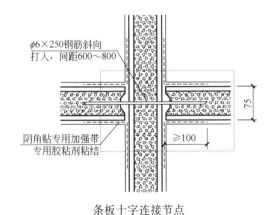

φ6×250钢筋斜向
打入，间距600～800

75

阴角贴专用加强带
专用胶粘剂粘结

≥100

条板十字连接节点

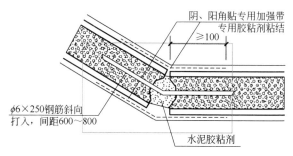

条板任意角连接节点

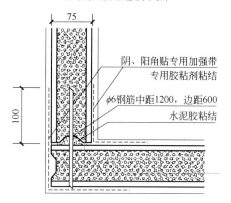

条板直角连接节点

工艺说明

（1）条板依据结构进行各种形式的连接，将250mm长、φ6钢筋以厂字形打入墙板，与墙板进行固定。

（2）测量尺寸后切割墙板进行安装，刮灰浆粘合，利用木楔调整位置，使墙板垂直平整到位，再单边打入250mm长、φ6钢筋固定。

（3）前块墙板安装后，再进行下一块墙板的安装，按拼装次序对准楔形槽拼装，连接处挤满灰浆粘合。φ6钢筋45°斜插加以固定。

（4）在安装过程中，每隔两块墙板，单边上下以厂字形打入250mm长、φ6钢筋固定。

060802 聚苯颗粒水泥条板与钢结构梁柱连接节点

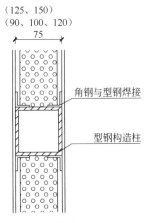

（125、150）
（90、100、120）

75

角钢与型钢焊接

型钢构造柱

条板与钢结构双角钢连接

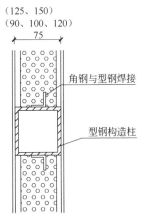

（125、150）
（90、100、120）

75

角钢与型钢焊接

型钢构造柱

条板与钢结构单角钢连接

工艺说明

（1）条板与钢结构墙柱、梁的连接主要通过角钢螺栓连接与焊接进行有效固定，一定要保证焊接质量，焊工必须有相应的操作证。

（2）在跨度大于8m的墙长设置型钢构造柱，竖向与钢梁焊接固定，横向与条板通过角钢进行焊接固定，确保墙板安装牢固。

060803 聚苯颗粒水泥条板墙内管线安装节点

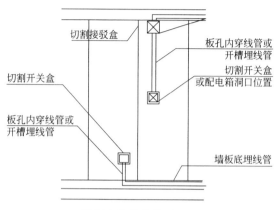

切割接驳盒

板孔内穿线管或
开槽埋线管

切割开关盒

切割开关盒
或配电箱洞口位置

板孔内穿线管或
开槽埋线管

墙板底埋线管

墙板内管线安装平面图

工艺说明

（1）电线管、线盒、埋件按电气安装图纸找准位置，划出定位线，在安装前将板材预留孔及管槽留出，避免安装后施工对墙体造成扰动。所有线管顺条板铺设，避免横铺和斜铺。

（2）当在条板隔墙上横向开槽、开洞敷设电气暗线、暗管、开关盒时，隔墙的厚度不宜小于90mm，开槽长度不应大于条板宽度的1/2。不得在隔墙两侧同一部位开槽、开洞，其间距应至少错开150mm。板面开槽、开洞应在隔墙安装7d后进行。

（3）暗管、暗线安装完毕后用专用嵌缝砂浆回填密实，使表面平整。

第九节 • 纸蜂窝夹心复合条板内隔墙

060901 单层纸蜂窝复合条板连接节点

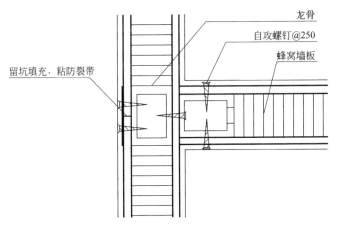

条板 T 形连接节点

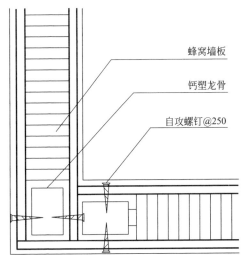

条板 L 形连接节点

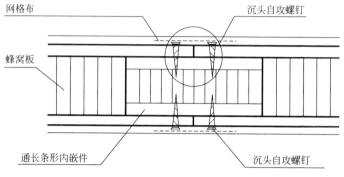

条板一字形连接节点

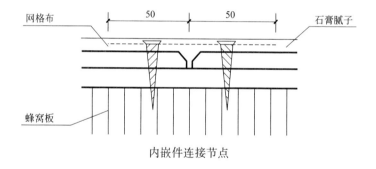

内嵌件连接节点

工艺说明

　　依据施工位置选用连接方式，纸蜂窝夹心复合条板连接主要采用沉头自攻螺钉，间距一般采用 250mm，螺钉要固定在龙骨上。

060902 双层纸蜂窝复合条板连接节点

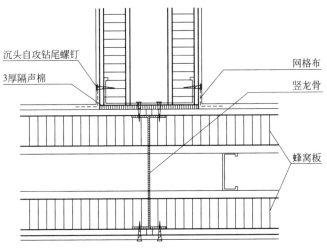

沉头自攻钻尾螺钉

3厚隔声棉

网格布

竖龙骨

蜂窝板

条板 T 形连接节点

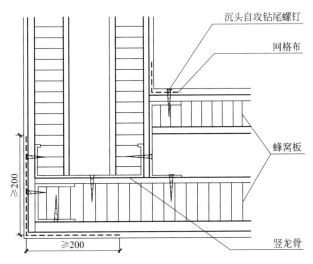

沉头自攻钻尾螺钉

网格布

蜂窝板

竖龙骨

条板 L 形连接节点

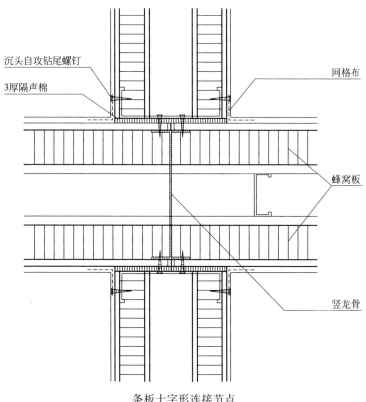

沉头自攻钻尾螺钉

3厚隔声棉

网格布

蜂窝板

竖龙骨

条板十字形连接节点

工艺说明

　　双层条板的安装要保证板与板之间的空隙，采用竖向龙骨对双层板进行拉结，双层板间距不得大于200mm。

060903 双层纸蜂窝复合条板与梁、板、墙、柱连接节点

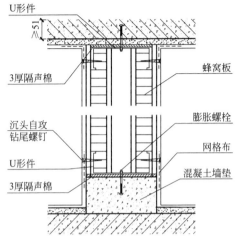

条板与梁板连接节点

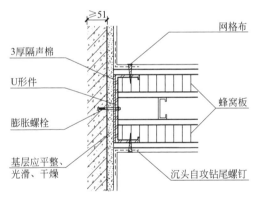

条板与墙柱连接节点

工艺说明

　　双层条板与结构梁板、墙柱采用 U 形件拉结，采用膨胀螺栓进行固定，板与结构之间放置 3mm 厚隔声棉，板与 U 形件采用沉头自攻螺钉拧紧加固。

060904 双层纸蜂窝复合条板与门窗连接及吊挂节点

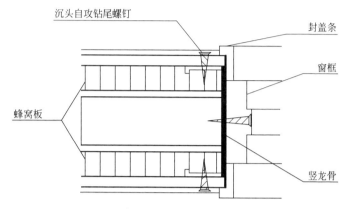

条板与窗框连接节点

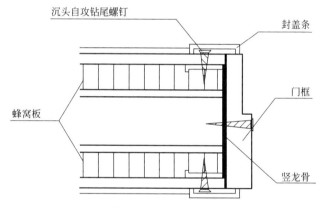

条板与门框连接节点

工艺说明

　　在门窗洞口设置加强龙骨，作为固定门窗框的专用条板，双层条板之间、条板与门窗框之间均采用 U 形件和自攻螺钉进行加固，并将自攻螺钉用条板封盖。门、窗框与洞口周边的连接缝应采用聚合物水泥砂浆或弹性密封材料填实。

060905 纸蜂窝复合条板内隔墙电气管线安装节点

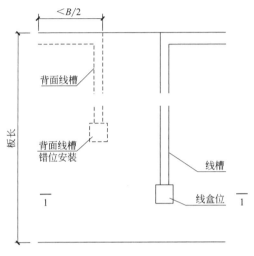

内隔墙电气管线安装节点

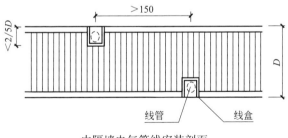

内隔墙电气管线安装剖面

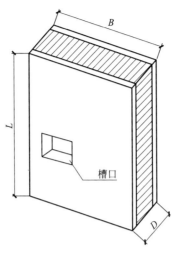

线盒安装平面图

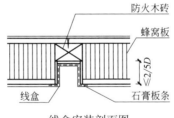

线盒安装剖面图

工艺说明

（1）纸蜂窝夹心条板隔声墙应避免设置电气开关、插座、穿墙管等，如必须设置时，应错位布置。隔声墙两侧不允许同时布设暗线，只允许一侧设置。

（2）安装暗管、暗线时，可按设计要求沿走线板或沿板孔洞方向穿行布设，不得在墙板两固定端之间的墙面上开水平槽。如确需水平方向布设管线时，允许沿板上、下端开槽穿管，但应确保两固定端有可靠锚固。

第十节 • 蒸压加气混凝土条板

061001 钢筋混凝土梁柱外包外墙板连接构造

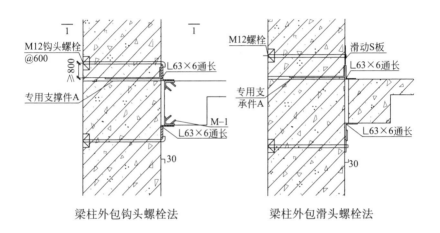

梁柱外包钩头螺栓法　　　　梁柱外包滑头螺栓法

工艺说明

（1）竖向安装的墙板上下端与钢结构连接采用 φ12 热镀锌钩头螺栓连接，板宽为 600mm，钩头螺栓居中安装。这就需要在支架梁的上下端各焊接一根通长的固定件（∟63×6角钢），以便于钩头螺栓的固定，在梁的平整度控制好的前提下，需对角钢焊接时的质量严格把关，钢构件遇热易变形，故施焊时要及时调整构件的变形。

（2）固定件焊接时要注意位置的控制，墙板采用外侧安装时，要留出板材的宽度，便于后期的装饰做法。跨度较大的板墙，需每隔20m加设一道伸缩缝。

061002 钢筋混凝土梁柱内嵌外墙板连接构造

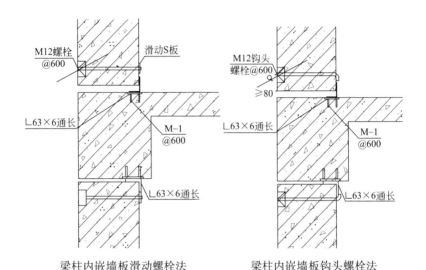

梁柱内嵌墙板滑动螺栓法　　　　　梁柱内嵌墙板钩头螺栓法

◆ **工艺说明**

（1）钩头螺栓、滑动螺栓、内置锚与板材固定点距板端应大于等于80mm。

（2）在梁板上间隔600mm埋设预埋件，采用∟63×6角钢通长设置。

（3）钩头螺栓与连接角钢的焊接长度应大于等于25mm。

061003 钢结构外包外墙板连接构造

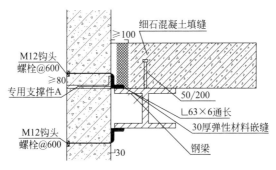

外包墙板钩头螺栓法

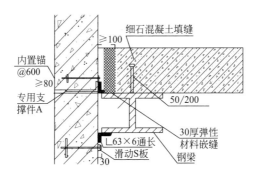

外包墙板滑动螺栓法

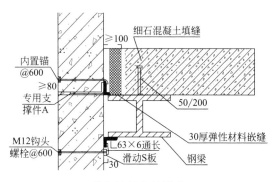

外包墙板内置锚法

工艺说明

（1）施工前对钢结构预埋件等进行验算，满足承载力的要求。

（2）焊缝沿搭接方向满焊，焊脚高度为较薄连接板厚度的 0.7 倍。

061004 钢结构板材内墙连接构造

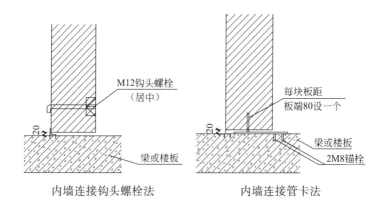

内墙连接钩头螺栓法　　　　内墙连接管卡法

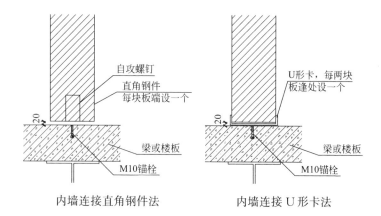

内墙连接直角钢件法　　　　　　内墙连接 U 形卡法

工艺说明

（1）板材与钢结构的连接可以依据现场实际情况采用以上四种方式，使用的钩头螺栓、U 形卡、管卡等强度要满足要求。

（2）U 形卡、管卡均设置在两块板拼接处，保证位置准确，连接牢固。

061005 钢筋混凝土框架结构板材内墙连接构造

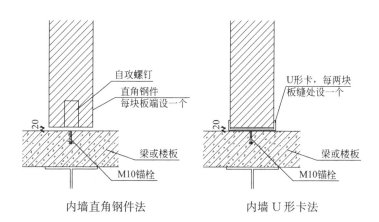

自攻螺钉
直角钢件
每块板端设一个
梁或楼板
M10锚栓

U形卡，每两块
板缝处设一个
梁或楼板
M10锚栓

内墙直角钢件法　　　　　　内墙 U 形卡法

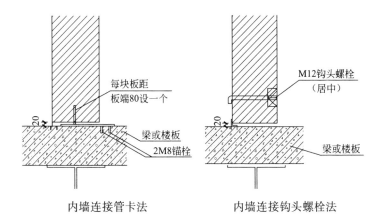

内墙连接管卡法   内墙连接钩头螺栓法

每块板距
板端80设一个

梁或楼板
2M8锚栓

M12钩头螺栓
（居中）

梁或楼板

工艺说明

（1）蒸压加气混凝土板与其他墙、梁、柱连接时，端部必须留有10～20mm缝隙，缝中应用专用嵌缝剂填充。板材与钢筋混凝土墙、柱、梁交接处采用耐碱玻璃纤维网格布压入抗裂砂浆，以防止接缝处开裂。

（2）板材下端与楼面处缝隙用1:3水泥砂浆嵌填密实。木楔应在水泥砂浆凝固后取出，且填补同质材料。

061006 钢筋混凝土梁柱与板材内墙连接构造

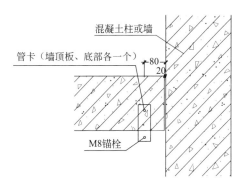

梁柱与板材内墙连接构造

工艺说明

（1）墙板定位钢卡采用膨胀螺栓或射钉固定，并须保持直线。

（2）将钢卡按照墨线位置固定在结构顶梁或顶板时，间隔与墙板的宽度（600mm）相同；与主体墙、柱连接时钢卡间距不得大于1m；竖向接板时应在每块墙板顶部加装1~2个钢卡。

061007 板材墙体门窗安装

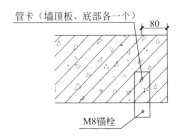

内门洞边或悬墙端

工艺说明

　　墙板与梁柱板等结构结合处的做法分为表面处理和板缝处理。表面处理即在表面刮腻子时在结合处加铺一道200mm宽的耐碱网格布（两侧各100mm）。板缝处理为连接处留10~20mm缝隙，当跨度较小（≤6m）时缝中用粘结砂浆挤实；当跨度较大（>6m）时，为防止收缩变形，缝中用发泡剂填充（有防火要求时将发泡剂改为岩棉）。

061008 板材内墙安装构造

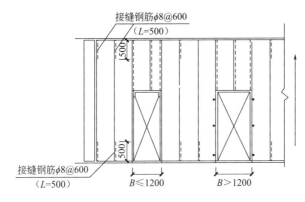

接缝钢筋$\phi 8@600$
（$L=500$）

接缝钢筋$\phi 8@600$
（$L=500$）

$B \leqslant 1200$ $B > 1200$

工艺说明

（1）板材安装前，应对每层楼净高尺寸和板材实际尺寸进行复核。

（2）首先在地面和梁或楼板上弹出墨线，保证墙板安装位置准确。安装时，用靠尺调整墙面平整度，用塞尺检查拼缝宽度和拼缝高差，以确保质量。

（3）调整板缝：墙板中线及板垂直度的偏差应以中线为主进行调整。门洞宽 B 小于等于1200mm 时板缝可以不对中，但是当门洞宽 B 大于1200mm 时板缝要居中设置。

（4）安装墙板时，应确保膨胀螺栓嵌入梁中并拧紧螺杆，以确保板材上下两端与主体结构有可靠连接。